程式不會動就不能下班！

給新手工程師的 Debug 攻略

桜庭洋之
望月幸太郎 著
施威銘研究室 譯

感謝您購買旗標書，
記得到旗標網站
www.flag.com.tw

更多的加值內容等著您…

<請下載 QR Code App 來掃描>

● FB 官方粉絲專頁：旗標知識講堂

● 旗標「線上購買」專區：您不用出門就可選購旗標書！

● 如您對本書內容有不明瞭或建議改進之處，請連上
旗標網站，點選首頁的 聯絡我們 專區。

若需線上即時詢問問題，可點選旗標官方粉絲專頁
留言詢問，小編客服隨時待命，盡速回覆。

若是寄信聯絡旗標客服 email，我們收到您的訊息
後，將由專業客服人員為您解答。

我們所提供的售後服務範圍僅限於書籍本身或內
容表達不清楚的地方，至於軟硬體的問題，請直接
連絡廠商。

學生團體　　訂購專線：(02)2396-3257 轉 362
　　　　　　傳真專線：(02)2321-2545

經銷商　　　服務專線：(02)2396-3257 轉 331
　　　　　　將派專人拜訪
　　　　　　傳真專線：(02)2321-2545

國家圖書館出版品預行編目資料

程式不會動就不能下班！給新手工程師的 Debug 攻略/
桜庭洋之, 望月幸太郎 著; 施威銘研究室 譯. -- 初版.
-- 臺北市：旗標科技股份有限公司, 2025.2　　面；公分
譯自：コードが動かないので帰れません!：
新人プログラマーのためのエラーが怖くなくなる本

ISBN 978-986-312-816-8(平裝)

1.CST: 電腦程式設計

312.2　　　　　　　　　　　　　　113016580

作　　者／桜庭洋之, 望月幸太郎

譯　　者／施威銘研究室

翻譯著作人／旗標科技股份有限公司

發 行 所／旗標科技股份有限公司

　　　　　台北市杭州南路一段15-1號19樓

電　　話／(02)2396-3257(代表號)

傳　　真／(02)2321-2545

劃撥帳號／1332727-9

帳　　戶／旗標科技股份有限公司

監　　督／陳彥發

執行企劃／劉樂永

執行編輯／劉樂永

美術編輯／林美麗

封面設計／林美麗

插　　圖／二村大輔

校　　對／劉樂永、黃馨儀

新台幣售價： 550 元

西元 2025 年 2 月 初版

行政院新聞局核准登記-局版台業字第 4512 號

ISBN 978-986-312-816-8

前言

程式設計可以直接實現我們的想法、解決各式各樣的難題，是一項非常有魅力又有挑戰性的技術。但是，**從開始寫程式到可以正確執行之間的過程，通常不會一帆風順。**有時候，處理 bug 花掉的時間甚至比實際寫程式的時間還多。若能順利解決「程式的運作不如預期」的狀況，就可以大大提升程式設計師的生產力及工作的效率。

尤其是開發團隊裡較缺乏經驗的成員，可能會因為不知道如何應對程式的錯誤訊息、工作難有進展，就只能一直加班。筆者自己剛開始學程式的時候當然也是這樣，後來學習新技術時也都會再經歷同樣的過程。

解決執行過程的異常（也就是程式不會動的狀況）是程式設計之中的重要技能。若能有效率地找出異常的原因並修正，就能在更短的時間內寫出更高品質的程式。

「有效率地解決異常狀況」也是區分程式新手和中階者的重要關卡。某些新手在閱讀錯誤訊息或程式沒辦法照期望運作的時候，可能還會感到明顯的痛苦和排斥感。

如果遇到這種狀況，可以試試把「解決異常」想成是「尋寶」或「解謎」的過程。本書的目標，就是為苦惱於程式錯誤的新手介紹「找出寶藏」、「解開謎題」的方法。只要運用本書介紹的知識與技巧，就能更順暢地處理程式的異常，寫起程式一定也會更加輕鬆。

本書提供給所有曾經為「程式怎麼不會動啊！」感到煩惱的程式設計師。希望藉由本書可以讓更多人享受寫程式的樂趣、取得豐碩的成果。

桜庭洋之、望月幸太郎

序章

主角施常悟（原文：ミスミ）寫出了「（自認為）完美的程式碼」，嘗試執行後卻出現錯誤訊息而跑不起來。像這樣的失誤，任何寫程式的人都一定經歷過吧（筆者也很常遇到）。想讓程式正常運作，就必須先找出錯誤的原因並修正。

本書的目標，就是提供基礎的概念與作法，找出這種「錯誤」或是「不如預期執行的異常」的原因。希望讀者閱讀本書之後，在面臨這種困境時就能不慌不忙地有效應對。

「程式不會動！」這種狀況可以大致分為兩種問題。一種是**「讀懂錯誤訊息就能解決的問題」**，另一種是**「需要特別尋找原因的問題」**。本書將會以這兩類問題為焦點進行說明。

第 1、2 章會先處理「讀懂錯誤訊息就能解決的問題」。

第 1 章

第 1 章會從「為什麼會不想讀錯誤訊息」開始討論，介紹有助於閱讀錯誤訊息而不再感到害怕的觀念。

第 2 章

第 2 章會說明閱讀錯誤訊息的具體方法。瞭解錯誤訊息的組成元素及種類，就可以更有效率地掌握重點。

接著第 3、4 章會處理「需要特別尋找原因的問題」。有時就算讀過錯誤訊息也無法解決問題，或是甚至沒有出現錯誤訊息，我們的目標是在這種情況也能找出異常的原因。

第 3 章會解說除錯（debug）的流程，定位出異常原因的位置。

第 4 章會說明如何使用工具來更快速找出異常的原因。熟悉工具的操作就能更有效率地解決問題。

再來，實際的程式開發過程也可能會遇到「不管怎麼處理都很難解決的問題」。

在實際的程式開發過程中會遇到許多狀況，是無論多努力尋找問題原因都難以解決的。第 5 章會介紹在這種情況突破困境的方法。

最後，第 6 章會說明如何寫出更容易定位問題位置的程式碼。容易找出異常起因的程式碼，就會是不容易出現異常的優質程式碼。除了鍛鍊處理程式問題的技術之外，也務必要學會寫出優質的程式碼。

翻開第 1 章，讓我們一起磨練技術，**擺脫「程式不會動！」的困境**吧！

第 3 章

如何快速找出問題的原因？

第 4 章

善用工具讓 Debug 更輕鬆

第 5 章

用盡方法也無法解決怎麼辦？

寫出更容易 Debug 的程式碼

COLUMN

書中部分程式碼可由此下載練習：

https://www.flag.com.tw/DL.asp?F5705

錯誤訊息
為什麼這麼
不討喜？

有東西忘了拿…

前輩 傅可媛

？

還有誰還沒走

咔

!?

你是…常悟對吧！？
你在幹嘛啊！？

永不放棄

動起來!!

#×∘⌒─#×∘

#×∘⌒─#×∘

沒有…
我想要讓程式跑得動所以在祈…

看下錯誤訊息不就好了嗎！！

ERROR!

錯誤…

要看…？

任何人寫程式都一定看過錯誤訊息。錯誤訊息是用來修正程式錯誤的寶貴資訊，對程式設計師來說是非常可靠的一位盟友。善用錯誤訊息所提供的線索，可以更準確地修正程式碼。

不過，也有許多人**「不知怎麼的」，就是很不擅長處理錯誤訊息**。仔細想想，雖然現在有非常多學習程式設計的管道，卻不太有機會學到處理錯誤訊息的方法，所以這樣的結果也是難免的。尤其是初學者，甚至可能根本不會注意錯誤訊息。就像主角常悟那樣，根本連讀錯誤訊息的習慣都沒有。

本書的目標之一，就是**洗刷錯誤訊息很不好應付的形象，讓錯誤訊息成為大家的好伙伴**。第 1 章首先會著眼於「為什麼會覺得錯誤訊息不好應付？」和「為什麼會無視錯誤訊息？」這些問題。我們不會只學表面功夫，而是要確實找出問題的癥結點，克服不擅長處理錯誤訊息的心結。

準備和錯誤訊息打好關係，和前輩傅可媛（原文：ナオシタ）一起認真看懂裡面提供的「用來修正問題的線索」吧。

讀讀看錯誤訊息吧

在想東想西之前，先來看看實際的錯誤訊息吧。下方是 JavaScript 的範例（程式碼 1-1）。這段程式把 `'Alice'` 這個值代入 `nickname` 變數，然後當作 `console.log()` 的引數，把變數的值輸出，非常簡單。不過，執行這段程式後卻出現了錯誤訊息。

程式碼 1-1

```
const nickname = 'Alice';
console.log(nikname);
```

錯誤訊息必須先執行才能查看。JavaScript 程式有幾種執行方法，最方便的通常是用網頁瀏覽器的**開發人員工具**來執行。

開啟 Google Chrome 的開發人員工具，方式如圖 1-1 所示。點擊視窗右上方的三點選單，選擇「更多工具」裡的「開發人員工具」[※註1]。

開發人員工具裡的主控台（Console）頁籤下方可以用來輸入 JavaScript 程式碼（圖 1-2）。在主控台按下 `Enter` 就會執行程式。按下 `Shift` + `Enter` 則是可以在程式碼中加入「換行」。

※註1 也可以用快捷鍵 `F12` 開啟或關閉開發人員工具。

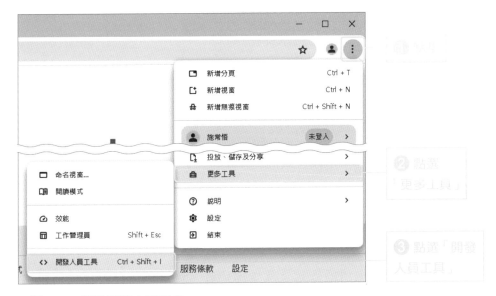

● 圖 1-1　開啟開發人員工具

● 圖 1-2　在主控台頁籤執行程式

　　輸入程式後就按下　[Enter]　執行看看吧。緊接著就會出現紅色的錯誤訊息標示（圖 1-3）。

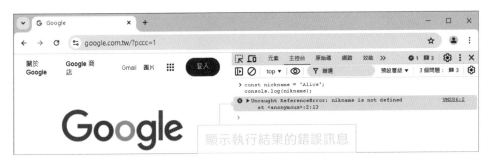

● 圖 1-3　執行程式的結果

執行程式 1-1 之後，會出現這樣的錯誤訊息。

```
Uncaught ReferenceError: nikname is not defined
    at <anonymous>:2:13
```

 哇哇哇！是錯誤訊息！

那麼，可以看出這段程式是哪裡出錯嗎？注意錯誤訊息裡的這段文字。

```
nikname is not defined
```

這句話的意思是「nikname **沒有被定義**」。這時可能會覺得：「怎麼會，我明明就有先定義了！」

但是，仔細檢查程式 1-1 會發現，第 1 行雖然定義了 nickname，第 2 行使用的變數名稱卻寫成 nikname，少寫了一個 c。就像錯誤訊息所說，因為「nikname 沒有被定義」而發生錯誤。把第 2 行的 nikname 改為 nickname，就能成功修正這個問題（程式碼 1-2）。

程式碼 1-2

```
const nickname = 'Alice';
console.log(nickname);                 補上 c
```

像這樣閱讀錯誤訊息的內容，就可以找出那些不明顯的錯誤原因，正確地解決問題。

當然，這個例子非常單純，不用仔細讀錯誤訊息也應該能處理問題；但是實際的開發過程會更加複雜，閱讀錯誤訊息並找出問題來源的能力是非常重要的。

就算出現錯誤訊息，
先冷靜下來看看內容就對了

後面的 1-2 節會說明錯誤訊息讀起來總是這麼困難的原因。讀者心裡可能也已經有一些答案了。如果能瞭解對錯誤訊息感到棘手的原因，就能消除這種模糊的不安，找出克服困難的方法。

此外，前面的範例其實並沒有確認錯誤訊息的「細節」。掌握錯誤訊息的類型與組成元素，才能更有效率地在複雜環境中辨別錯誤的原因。錯誤訊息的類型與組成元素會在第 2 章詳細解說。

錯誤訊息難以讀懂的原因

　　剛開始寫程式的人，或許會對錯誤訊息有種「拒人於千里之外」的印象。這種感受的其中一個原因，可能是由於**錯誤訊息是用英文寫的**。對於英語母語者來說這當然是件小事，但對於不那麼擅長英文的人來說，語言之牆就可能是看不懂錯誤訊息的一大因素。

　　舉例來說，要是錯誤訊息不是「nikname is not defined」，而是「nikname 沒有定義」，應該就可以一眼看懂吧，而且也會感到比較親切。

　　除了英文較難看懂之外，看不懂錯誤訊息的原因主要還包含以下幾點。

■ 看不懂錯誤訊息的原因

1. 錯誤訊息是英文
2. 錯誤訊息非常冗長
3. 讀過也還是不明白問題是什麼

　　看到這些原因，是否心裡有一些想法呢？本節會針對這些原因逐一深入解說。只要能瞭解原因，就能思考對策。一起找出可以**輕鬆看懂錯誤訊息的方法**吧。

錯誤訊息是英文

英文是許多人寫程式會遇到的其中一道阻礙。因為錯誤訊息是英文就想全部略過，相信這種感覺很多人都體會過吧。

但是，如果因此真的略過錯誤訊息不看，實在是非常可惜的事情。不擅長讀英文的話，就使用翻譯工具吧。

這我都知道，
但我的英文真的很差啊……

以下面的程式碼為例（程式碼 1-3），這在執行後也會出現錯誤訊息。這段程式和 1-1 節的範例非常相似，能看出為什麼會出錯嗎？

程式碼 1-3

```
const nickname = 'Alice';
console.Iog(nickname);
```

```
> const nickname = 'Alice';
  console.Iog(nickname);
⊗ ▶ Uncaught TypeError: console.Iog is not a function
      at <anonymous>:2:9
```

● 圖 1-4　出現了錯誤訊息

這次應該有把
「nickname」拼對了……

這次的錯誤訊息裡顯示了這樣的內容。

程式碼 1-3 的錯誤訊息

```
console.Iog is not a function
```

這段訊息的意思是「console.Iog 不是函式」。仔細看看 console.Iog 的部分，本來應該是小寫 l 的 log 居然寫成大寫的 I 了。把 I 改為 l 就能解決問題。

這種失誤有點罕見，不過拼字錯誤確實常常發生呢

像這樣閱讀錯誤訊息，就可以馬上找出錯誤的原因。當然，仔細檢查程式碼也同樣可以找出問題，不需要讀錯誤訊息。若是像這些範例一樣，只有少少幾行程式碼，可能就不會覺得有多辛苦。但是隨著程式碼的量增加，只靠人力檢查會變得越來越困難。所需付出的辛勞，也會變得遠大於「英文閱讀」。

■ 只需要瞭解簡單的英文文法就 OK！

即使英文程度不好，也應該養成閱讀錯誤訊息的習慣，使用翻譯工具也可以。試著一步一步漸漸理解英文的意思吧。

想練習到可以使用英語流暢對話，當然是很困難的。但如果只是「看懂錯誤訊息的內容」這種程度，相較之下就簡單許多。錯誤訊息有固定的格式，使用的單字也相當有限。就算不擅長讀英文，只要瞭解少量單字與文法，就可以輕鬆看懂。

實際來看幾個具體的錯誤訊息吧。從這些訊息使用的單字和文法，可以看出錯誤訊息常用的句型。

```
x is not defined
```

| 譯 | x 沒有被定義 |

這個句子非常單純。只要知道單字的意思「define ＝ 定義」，就不難翻譯。「is not defined」是「be 動詞 ＋ not ＋ 過去分詞」形式的否定句，意思就是「沒有被定義」。錯誤訊息大多都是這種短句，只要會基礎的單字和文法就能理解。

還有，上述句子裡有主語（x）和謂語（is not defined）兩部分，通常解讀句子的要訣就是抓出主語和謂語。以下再來看幾個包含主語、謂語的錯誤訊息範例。

- x is not a function

  - x 不是函式

- x is not iterable

  - x 不是可迭代的

- Function statements require a function name

  - 函式陳述式需要函式名稱

每一句的文法都不難，不過都用到了關於程式術語的單字。如果覺得這些單字的意思不太好懂，後面還會補充常用術語的整理。這裡先討論英文文法和句子翻譯的問題。

■ 省略主語的狀況

前面提到解讀的要訣是抓出「主語」和「謂語」，不過有些錯誤訊息會把主語省略掉。具體案例如下。

看懂錯誤訊息的英文②

Cannot read properties of null

譯 無法讀取 null 的屬性

這句英文裡並不包含主語，那句子的主體究竟是什麼呢？在多數情況，這種錯誤訊息指的就是「這個程式本身」。因此可以在句子裡加上主語「The program」，當作「The program cannot read properties of null」來理解。

在錯誤訊息中，如果很清楚能看出句子指的是程式本身或系統，就會把主語省略掉。建議可以記住這種常見的錯誤訊息寫法。以下介紹一些省略主語的錯誤訊息範例。

Cannot set properties of null

　　無法設定 null 的屬性

Cannot use 'in' operator

　　無法使用 in 運算符

某些錯誤訊息甚至沒有動詞，只是簡要描述問題。

看懂錯誤訊息的英文③

```
Invalid array length
```

譯　無效的陣列長度

這段錯誤訊息只是由形容詞「invalid ＝ 無效的」和名詞「array length ＝ 陣列長度」組成的名詞片語，不過這樣的表示方式也已經非常充分。「無效的陣列長度」這段訊息，詳細地說就是「程式使用了無效的陣列長度。不可以使用喔」的意思。

以下介紹一些像這樣的名詞句。

Unexpected token '['

　　預期之外的標記 '['

missing) after argument list

　　在引數清單後缺少)

■ 常用的單字與程式術語單字

前面介紹的錯誤訊息範例，都沒有使用很困難的文法，但某些單字的意思或許就不太好理解。不過不必擔心，錯誤訊息中使用的單字種類並不多。以下列舉一些使用頻率較高的單字，供讀者參考（表 1-1）。

前面有提到，錯誤訊息裡有一些「在程式設計中有特定意義的單字」。這種詞就算查字典或使用翻譯工具，也不見得能找出正確的意思，必須以程式設計領域特有的解釋來理解才行。以下也整理了這種詞的表格（表 1-2）。

不擅長英文的人可能會覺得讀錯誤訊息是一件很辛苦的事。一開始先不要急，一點一點地慢慢練習讀懂吧。

■ 表 1-1　錯誤訊息中經常登場的單字

常出現的英文單字	解釋
valid / invalid	有效的 / 無效的
expected / unexpected	預期的 / 預期之外的
defined / undefined	被定義的 / 未被定義的
declared / undeclared	被宣告的 / 未被宣告的
reference	參照（參考）
require	需要
deprecated	不推薦的
expired	過期的
apply	適用、應用
deny	拒絕
permission	許可
range	範圍
missing	缺少、找不到

表1-2 在程式設計領域有特殊意義的單字

英文單字	程式設計中的意義
function / argument	函式 / 引數
variable / constant	變數 / 常數、固定的
object / property / method	物件 / 屬性 / 方法
expression / statement	表達式 / 陳述式
operator / operand	運算子 / 運算元
token	標記、權杖、令牌 （※譯註）
initialize / initializer	初始化 / 初始器
mutable / immutable	可變的 / 不可變的
iteration / iterable	迭代（疊代）/ 可迭代（疊代）的
assignment	代入、賦值、指派

看不懂的原因 2 錯誤訊息非常冗長

冗長的文字本身就有一種可以把人嚇跑的力量。下方這種錯誤訊息，應該有很多人只瞥一眼就會放棄解讀吧。

冗長錯誤訊息的範例

```
ReferenceError: nickname is not defined
    at fn3 (/Users/misumi/section-1/app.js:14:3)
    at fn2 (/Users/misumi/section-1/app.js:10:3)
    at fn1 (/Users/misumi/section-1/app.js:6:3)
    at /Users/misumi/section-1/app.js:18:16
```

※譯註 資訊領域的「token」主要有兩種意思。一種是「程式語言中有意義的最小單位」，常譯為「標記」。另一種是「執行某些操作的權限」，常譯為「權杖」、「令牌」。

```
    at Layer.handle [as handle_request] (/Users/misumi/↵
section-1/node_modules/express/lib/router/layer.js:95:5)
    at next (/Users/misumi/section-1/node_modules/↵
express/lib/router/route.js:144:13)
    at Route.dispatch (/Users/misumi/section-1/↵
node_modules/express/lib/router/route.js:114:3)
    at Layer.handle [as handle_request] (/Users/misumi/↵
section-1/node_modules/express/lib/router/layer.js:95:5)
    at /Users/misumi/section-1/node_modules/express/↵
lib/router/index.js:284:15
    at Function.process_params (/Users/misumi/section-1/↵
node_modules/express/lib/router/index.js:346:12)
```

 長得太誇張！！

　　如果要仔細看完每一行才能讀懂這個錯誤訊息，那真的是太辛苦了。不過其實並沒有這個必要。在多數情況下，**冗長的錯誤訊息裡需要注意的部分只有 2、3 行而已。**

　　在第 2 章的 2-1 節會詳細解說「錯誤訊息的組成元素」，其中會提到錯誤訊息由 3 個元素組成（圖 1-5）。只要瞭解這 3 個元素的功能，就能鎖定訊息中需要讀的部分。

● 圖 1-5　組成錯誤訊息的 3 元素

以上面的例子來說，只要讀最前面 2 行就足夠了！

```
ReferenceError: nickname is not defined
    at fn3 (/Users/misumi/section-1/app.js:14:3)
```

譯　參照錯誤：nickname 沒有被定義

若只是茫然盯著這一堆錯誤訊息，可能就會被大量的訊息給嚇倒。掌握訊息裡的重點，會大大降低理解內容的難度。

要記得，錯誤訊息不一定都需要全部讀完喔

看不懂的原因 3 讀過也還是不明白問題是什麼

筆者認為，這是讓人不願意讀錯誤訊息的最主要原因。並不是所有錯誤訊息都可以在讀完之後就明白問題的解決方法。甚至有時出現錯誤訊息的部分根本就不是造成問題的原因。在某些情況，**就算費盡心力看懂錯誤訊息，也還是無法解決問題**。錯誤也可能發生在各種領域，可能會遇到自己的技術和知識不足以處理的狀況。「即使讀了錯誤訊息，對於解決方法還是毫無頭緒」，這種情境是每個寫程式的人都經歷過的。

反覆遇到這種問題之後，有些人或許就會對錯誤訊息抱有不好的印象，漸漸變得不願意讀錯誤訊息。認為既然讀過也不能解決問題，那又何必費心去讀。

看了錯誤訊息也無法解決問題的情況有很多種，這裡先來看看其中一種狀況。

■ 發生錯誤的位置和問題的原因相距遙遠

例如接下來的這段程式碼，我們發現函式內部會發生錯誤。

程式碼 1-4

在這裡發生錯誤

```
function hello(user) {
  console.log(`Hello, ${user.nickname}`);
}
```

程式碼 1-4 的錯誤訊息（部分）

```
Cannot read properties of null (reading 'nickname')
```

譯 **無法讀取 null 的屬性**（讀取 nickname）

讀過錯誤訊息後，會知道是對 null 讀取 nickname 這個屬性導致錯誤發生。而程式中讀取 nickname 屬性的位置則是在 hello() 函式裡的 ${user.nickname}。進一步推測就能瞭解「錯誤的原因在於這個 user 的值是 null」。

這裡才是麻煩的開始。究竟問題在何處、如何修正這個問題？雖然錯誤是在函式裡發生的，但應該修改的並不是函式本身。user 是傳入 hello() 函式的引數，需要修改的是呼叫 hello() 函式的地方才對（圖 1-6）。

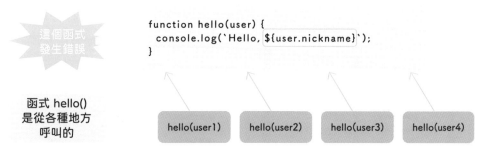

```
function hello(user) {
  console.log(`Hello, ${user.nickname}`);
}
```

這個函式發生錯誤

函式 hello()
是從各種地方
呼叫的

hello(user1)　hello(user2)　hello(user3)　hello(user4)

● 圖 1-6　在各種地方被呼叫的函式

要修改的地方到底在哪裡啊……？

　　如上圖所示，很多地方都會呼叫函式 hello()，必須從中找出真正的原因才行。如果不知道該怎麼找比較有效率，這就會是很辛苦的工作。這麼一來，就算讀了錯誤訊息也還是不能立刻解決問題，好像就失去了讀錯誤訊息的意義。

　　不過還請放心。在上述情況中，只要仔細讀懂錯誤訊息，還是可以找到錯誤的出處。關於解讀錯誤訊息的方法，請見第 2 章的詳細說明。

■ 函式庫的程式碼出現錯誤

　　在寫程式的時候，一定會用到的工具之一就是函式庫。函式庫是整合了便利功能的一套程式碼。當開發的專案有一定規模時，通常都會使用其他人寫好的函式庫；但是錯誤訊息如果出現在這些函式庫中，解讀起來就會很麻煩（圖 1-7）。

自己寫
的程式碼

別人寫的函式庫裡
的程式碼

呼叫函式庫裡
的程式碼

這個地方
出現錯誤

● 圖 1-7　函式庫裡的程式碼發生錯誤

　　如果是自己寫的程式碼出錯，要查出原因還不至於太困難；若是別人寫的函式庫出錯，檢查問題的難度就會劇烈提升。

　　來看個例子吧。這段範例程式用 JavaScript 連接資料庫，然後出現了錯誤訊息。

程式碼 1-5

```javascript
const { Client } = require("pg");
const client = new Client({
  user: "alice",
  password: "password",
  database: "myDb",
});
const connectClient = async () => {
  await client.connect();
};
connectClient();
```

```
error: password authentication failed for user "alice"
    at Parser.parseErrorMessage (/Users/misumi/project/↵
node_modules/pg-protocol/dist/parser.js:287:98)
    at Parser.handlePacket (/Users/misumi/project/↵
node_modules/pg-protocol/dist/parser.js:126:29)
    at Parser.parse (/Users/misumi/project/node_modules/↵
pg-protocol/dist/parser.js:39:38)
    at Socket.<anonymous> (/Users/misumi/project/↵
node_modules/pg-protocol/dist/index.js:11:42)
    at Socket.emit (node:events:513:28)
    at addChunk (node:internal/streams/readable:324:12)
    at readableAddChunk (node:internal/streams/↵
readable:297:9)
    at Readable.push (node:internal/streams/↵
readable:234:10)
    at TCP.onStreamRead (node:internal/↵
stream_base_commons:190:23)
```

可以從這串錯誤訊息裡看出問題的原因嗎？對於有經驗的程式設計師來說可能很簡單，但對沒有經驗的新手或是完全不瞭解資料庫的人來說，應該會有點困難。

其實在這段錯誤訊息裡，**指出的錯誤並不是自己寫的程式碼**。最後出現錯誤的位置，是訊息第 2 行的「/Users/misumi/project/node_modules/pg-protocol/dist/parser.js」這個檔案，這是函式庫裡的檔案路徑。不過這也並不代表是函式庫的程式碼有問題。在這個例子中，用來連接資料庫的使用者資料和密碼不正確，才是發生異常的原因。

 這、這個錯誤訊息還真是複雜……

程式的規模很大的時候，總是會需要借助函式庫等工具的力量。要解決其中發生的異常狀況，也必須有相應的知識才行。

　　例如上面的錯誤訊息開頭就寫著「password authentication failed for user "alice"」（對使用者 alice 的密碼驗證失敗），要是連「需要使用者資料和密碼才能連接資料庫」這件事都不知道的話，當然就不會理解錯誤訊息的意思。再來，如果不知道資料庫的設定或操作方式，也無法處理這個問題。

　　只要動手寫程式，總是有機會遇到難以解決的錯誤訊息。這對新手和老手都是一樣的。然而，這並不代表沒有必要讀錯誤訊息。錯誤訊息會提供一些解決問題的線索。另外，從另一個角度來說，遇到難解的錯誤也是學習新知的機會。還請抱持正面的心態，面對錯誤訊息的挑戰。

原來錯誤訊息可能也沒那麼可怕……？

錯誤訊息是工程師的好隊友，可別忘了喔

1 - 3

面對錯誤訊息的心理準備

保持輕鬆的心態

各位讀者如果未來打算持續寫程式，就會需要與錯誤訊息長相廝守。在本章的最後，介紹一下筆者對於如何面對錯誤訊息的個人見解。

程式設計師應該都聽過好幾次「去讀錯誤訊息！」這樣的話。既然各位已經拿起了這本書，想必對 debug 的方法有些興趣[※註2]，也應該切身體會過「讀錯誤訊息非常麻煩」。而且，就算看了錯誤訊息也還是無法解決問題，這種經驗大概也有過。後來只要看到複雜的錯誤訊息，就可能會聯想到「讀起來很麻煩」、「錯誤訊息很可怕」這樣的印象。

只想著「不管怎樣就是必須讀錯誤訊息」的話實在是太嚴苛了。面對錯誤訊息，可以先採取這樣的心態：

「就算不能立刻解決問題，或許也能得到提示。」

建議一開始先用這種輕鬆一點的態度就好。實際上就是有一些即使仔細讀過錯誤訊息還是沒辦法解決的問題。程式設計師的經驗和技術，也會影響問題發生的領域和複雜程度。

※註2 關於「debug」的説明在本書第 3 章。

另一方面，**只要正確理解錯誤訊息就能解決的問題，還是非常多的。**先以評估難易度的角度來讀錯誤訊息吧。重點是把閱讀錯誤訊息的門檻降低，培養出閱讀的習慣。持續閱讀錯誤訊息，就會一點一滴累積知識、拓展身為程式設計師的眼界。

雖然看到錯誤訊息還是會緊張，
但我會試著用輕鬆一點的心情讀讀看

困難的錯誤訊息是成長的機會

讀過錯誤訊息也無法解決問題的這種碰壁時刻，說不定也是「可以學到什麼的機會」。關於程式語言的技能自然是不在話下，其他例如資料庫或 HTTP 連線等相關領域的知識或許也有機會加深、加廣。沒有學過也沒有經驗的領域若是發生錯誤，通常難以馬上解決，會讓人吃上不少苦頭；但藉此也能學會各種新知，提升程式設計的實力。

當然，學習未知領域的知識並不是簡單的事情，繁忙的生活裡也很難擠出時間。如果每次遇到錯誤訊息，都想花時間把所有相關知識都學會，體力和時間一定會不夠。在合理的範圍內盡力而為就好。

總而言之，稍微抱著「讀懂錯誤訊息時或許可以學到某些新的東西」這種心態，日復一日的 debug 應該也會多一點樂趣。

解讀錯誤訊息的能力是終生技能

一個寫了多年程式的程式設計師，會和數不盡的錯誤訊息相遇。這些訊息有特定的格式，錯誤也有固定的類型。只要曾經仔細讀過一次內容，

理解其中的含義，未來的開發就會更加容易。反之，如果總是忽視錯誤訊息、漠不關心，未來還是會一直覺得錯誤訊息難以對付，不會有任何改變。

　　錯誤訊息是在程式設計的除錯過程中最重要的同伴。未來在開發時如果遇到錯誤訊息，請務必以本書介紹的方式認真閱讀。期望各位能感受到錯誤訊息是更為親切的存在。

具備錯誤訊息的解讀能力的話，
就能更快提升程式設計的實力喔

修正 Bug 所耗費的時間

根據對開發人員的生產力所做的研究^{（※註A）}，用於調查和修正 bug 的時間約佔工作時間的 40%。當然，這個比例會隨開發人員和專案的規模而大幅變動，但筆者自己的實際感受也是大約需要這麼多時間處理錯誤訊息和 bug。這也可以理解為，若能流暢解讀錯誤訊息的內容，對程式開發的生產力會有很大的幫助。

※註 A 「TheDeveloperCoefficient」
https://stripe.com/files/reports/the-developer-coefficient.pdf

第 2 章

看懂錯誤
訊息的秘訣

前一章我們探討了錯誤訊息令人感到棘手的主要原因，現在則要開始來詳細瞭解錯誤訊息這個東西。雖然知道應該好好閱讀錯誤訊息，但就連「**該從哪裡開始讀**」都可能會讓人很煩惱。消除這樣的煩惱，正是第 2 章的目標。

本章會解釋**錯誤訊息的「組成結構」與「類型」**。

錯誤訊息裡包含很多資訊，但首先關鍵是掌握其中的組成結構。瞭解組成的結構，就能瞭解哪些部分是重要的內容。就算出現很長的錯誤訊息，只要能辨識出需要讀的重點，就可以輕鬆看懂。再來，知道錯誤訊息的類型，就能更容易推測出解決的方法。

在這章加深對錯誤訊息的認識，未來就能行雲流水地看懂錯誤訊息了！

瞭解錯誤訊息的組成結構

　　想要流暢閱讀錯誤訊息，**關鍵就在於掌握錯誤訊息的組成結構**。不同程式語言表示錯誤訊息的方式會有細微的差異，但大致的構造都是相同的。如果能理解組成結構，對錯誤訊息就不會再感到害怕了。

　　錯誤訊息的結構主要由以下 3 個部分組成。

- **錯誤的類型**

- **錯誤的資訊**

- **堆疊追蹤（stack trace）**

　　堆、堆什麼追蹤！？
完全沒聽過耶……

等等會仔細說明的！

　　圖 2-1 到圖 2-3 分別是 JavaScript、PHP、Python 的程式執行後出現的錯誤訊息。各個語言的錯誤訊息都標示了結構。雖然排列方式會隨語言而不同，但組成的元素都是一樣的[※註 1]。

※註 1　JavaScript 和 PHP 的錯誤訊息開頭都有 **Uncaught** 這個單字，在 5-2 節「找不到錯誤訊息怎麼辦？」會再解釋含意。

• 圖 2-1　JavaScript 的錯誤訊息

• 圖 2-2　PHP 的錯誤訊息

```
Traceback (most recent call last):
  File "/Users/misumi/section-2/sample.py", line 10, in <module>
    fn1()
  File "/Users/misumi/section-2/sample.py", line 2, in fn1
    fn2()
  File "/Users/misumi/section-2/sample.py", line 5, in fn2
    fn3()
  File "/Users/misumi/section-2/sample.py", line 8, in fn3
    print(nickname)
NameError: name 'nickname' is not defined
```

堆疊追蹤

錯誤的類型　　錯誤的資訊

• 圖 2-3　Python 的錯誤訊息

那麼就來看看錯誤訊息的各個部分吧。首先是「錯誤的類型」（圖 2-4）。錯誤訊息雖然有非常多種，但大致可以分為幾個類型。前面的範例中出現的 ReferenceError（JavaScript）、ArgumentCountError（PHP）、NameError（Python）等等，就是錯誤訊息的類型。錯誤的類型在不同程式語言會有些差異，不過只要瞭解分類的依據，就能掌握錯誤的輪廓。

錯誤的類型

```
❌ ▶ Uncaught ReferenceError: nickname is not defined
        at fn3 (sample.html:19:21)
        at fn2 (sample.html:16:9)
        at fn1 (sample.html:13:9)
        at sample.html:10:7
```

● 圖 2-4　錯誤的類型

舉例來說，ReferenceError 指的是「參照錯誤」，如果嘗試引用不存在的變數，就會發生這類錯誤。所以看到這種錯誤時，就可以從「確認一下變數的定義是否都正確」開始，設想解決問題的方向。還有，ArgumentCountError 則是表示函式引數（argument）的數量（count）出錯了，可以知道要先檢查呼叫該函式的地方。

瞭解錯誤的類型的話，就可以先預期可能有什麼失誤、應該如何處理比較適合。

認識錯誤的類型，
就可以省下到處檢查的時間了！

不必勉強自己記住所有的錯誤類型。只要養成閱讀錯誤訊息的習慣，自然就會在過程中瞭解常見的類型。

2-2 節會以 JavaScript 為例，解說一部分錯誤訊息的類型。

組成結構 2 錯誤的資訊

第 2 個部分是「錯誤的資訊」（圖 2-5），裡面會記錄錯誤的具體原因。

```
                              ┌─────────┐
                              │ 錯誤的資訊 │
                              └─────────┘

❌ ▶ Uncaught ReferenceError: [nickname is not defined]
        at fn3 (sample.html:19:21)
        at fn2 (sample.html:16:9)
        at fn1 (sample.html:13:9)
        at sample.html:10:7
```

● **圖 2-5　錯誤的資訊**

例如之前提過的 A is not defined，意思是「A 沒有被定義」。沒有這樣的資訊的話，就會很難快速找出問題並解決。雖然內容都是英文，但千萬不要覺得麻煩，要仔細看懂、確實明白這些資訊。在 1-2 節有提過，錯誤訊息使用的英文並不困難。花點時間查單字，努力理解訊息的意思吧，這份努力正是 debug 的捷徑！

先瞭解前面說明的錯誤類型之後，再讀錯誤資訊的內容，應該也會感到更容易理解。

組成結構 3 堆疊追蹤

最後一個部分是「堆疊追蹤」(圖 2-6)。簡單來說,堆疊追蹤就是列出**程式執行到發生錯誤為止的流程**。初學者可能不太熟悉,但這對於錯誤成因的解讀來說,扮演了非常重要的角色。

● 圖 2-6　堆疊追蹤

雖然藉由錯誤的類型、資訊就可以知道發生的原因,但還是無法得知這個錯誤的「位置」,也就沒辦法進一步解決。而提供這個「位置」的,就是堆疊追蹤(圖 2-7)。

這個位置
發生錯誤

流程 A ⟶ 流程 B ⟶ 流程 C ⤏ 流程 D

程式在發生錯誤前執行的流程

堆疊追蹤會記錄程式執行的過程和發生錯誤的位置

● 圖 2-7　可以從堆疊追蹤知道的事情

■ 堆疊追蹤是什麼？

堆疊追蹤（stack trace）[註2]是**程式內呼叫函式的歷程紀錄**。「堆疊」是指電腦執行程式時使用的一個資料結構，概念就像由下往上堆起的積木。「追蹤」則是這個資料結構留下的紀錄，就像跟在後面記錄下來的足跡一樣。

以圖 2-8 左側的程式碼為例來說明吧。程式執行時，會先呼叫函式 fn1()，然後在其內部呼叫 fn2()，再呼叫 fn3()。這些呼叫的函式就像在一個籃子裡依照順序「堆疊」起來一樣。

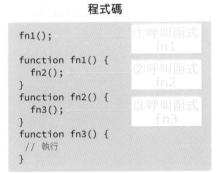
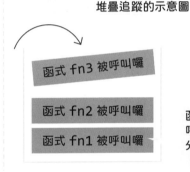

● 圖 2-8　程式碼與堆疊追蹤的示意圖

就像按照呼叫順序堆進箱子裡一樣耶

■ 堆疊追蹤的實際範例

從實際範例來詳細瞭解堆疊追蹤吧。這段範例雖然是 HTML 檔案，但在 \<script> 標籤裡的是 JavaScript 程式碼（程式碼 2-1）。程式定義了函式 fn1()、fn2()、fn3()，bug 就潛藏在 fn3() 裡面。

※註2　又稱為 stack backtrace 或 stack traceback。

```html
<!DOCTYPE html>
<html lang="zh-TW">
  <head>
    <meta charset="UTF-8" />
    <title>Sample</title>
  </head>
  <body>
    <h1>Stack trace</h1>
    <script>
      fn1();

      function fn1() {
        fn2();
      }
      function fn2() {
        fn3();
      }
      function fn3() {
        console.log(nickname);
      }
    </script>
  </body>
</html>
```

　　想執行這個程式碼的話，可以先儲存為 HTML 檔案，再用 Google Chrome 等瀏覽器開啟。打開 1-1 節介紹的開發人員工具，在主控台會看到圖 2-9 的錯誤訊息。

```
⊗ ▶Uncaught ReferenceError: nickname is not defined
      at fn3 (sample.html:19:21)
      at fn2 (sample.html:16:9)
      at fn1 (sample.html:13:9)
      at sample.html:10:7
```

「fn3 是在 fn2 呼叫的」
「fn2 是在 fn1 呼叫的」
可以從堆疊追蹤看出這些資訊

這就是最後發生錯誤的位置
函式名：fn3
位置：sample.html 的第 19 行、第 21 欄

● 圖 2-9　堆疊追蹤的解讀方式

　　堆疊追蹤的第 1 行，記錄的是最後發生錯誤的位置，也就是函式
fn3() 的資訊。sample.html:19:21 是發生錯誤的檔案名、行數和欄數
（欄數是指該行的第幾個字元）。也就是說，在這個範例中，可以看出問題
是發生在「sample.html 的第 19 行、第 21 欄」。

　　再來，第 2 行是函式 fn2 的資訊、第 3 行是函式 fn3 的資訊。
JavaScript 會像這樣由下而上記錄程式執行的過程（圖 2-10）。

　　另外，fn2 後面括號裡的 16:9 表示呼叫 fn3 的位置。同樣的，
fn1 後面的 13:9 表示呼叫 fn2 的位置。

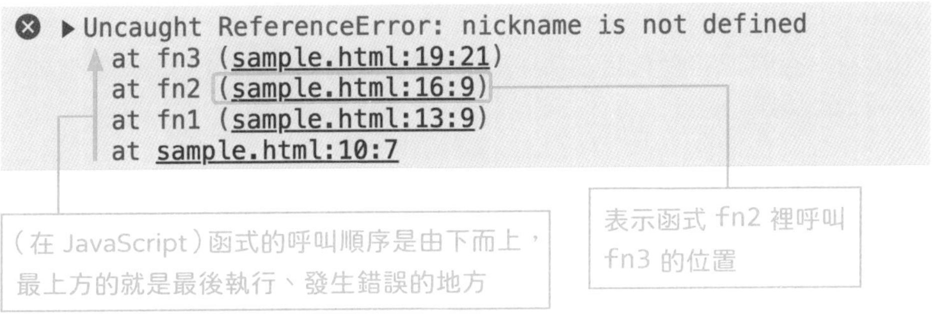

```
⊗ ▶Uncaught ReferenceError: nickname is not defined
      at fn3 (sample.html:19:21)
      at fn2 (sample.html:16:9)
      at fn1 (sample.html:13:9)
      at sample.html:10:7
```

（在 JavaScript）函式的呼叫順序是由下而上，
最上方的就是最後執行、發生錯誤的地方

表示函式 fn2 裡呼叫
fn3 的位置

● 圖 2-10　堆疊追蹤的排列順序（JavaScript）

看懂堆疊追蹤的內容之後，接著就要學會如何利用堆疊追蹤來找出 bug。

堆疊追蹤裡**最後抵達的地點就是錯誤發生的位置，所以先從這裡開始檢查是最有效率的**。檢查最終點後，如果發現那確實就是出錯的原因、可以直接解決，那其他的堆疊追蹤就不需要再花時間去看了。

回頭看看上面範例的最終點吧，這裡就是最後出現錯誤的地方（圖 2-11）。

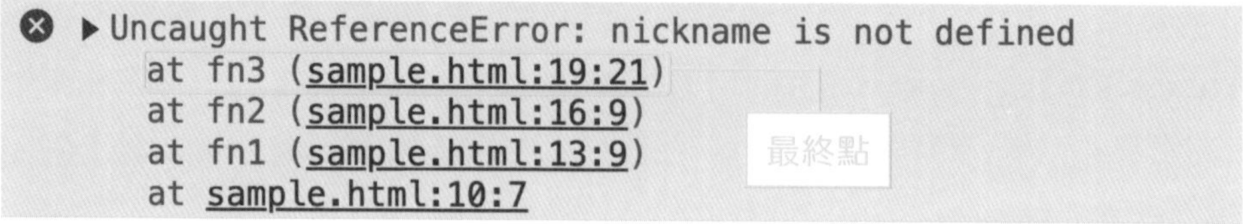

```
⊗ ▶Uncaught ReferenceError: nickname is not defined
      at fn3 (sample.html:19:21)
      at fn2 (sample.html:16:9)          最終點
      at fn1 (sample.html:13:9)
      at sample.html:10:7
```

● 圖 2-11　確認堆疊追蹤的最終點

堆疊追蹤裡面不只會顯示執行的函式名稱，還會列出檔案名稱和行數、欄數。sample.html 是檔案名稱，19:21 是行數和欄數。知道這些位置資訊後，再來就可以直接到現場看看。

順帶一提，很多編輯器都有跳到指定行數、欄數的功能。例如 Visual Studio Code 可以選擇功能表列的「移至」→「前往行 / 資料行」，輸入「19:21」，就可以移動到第 19 行的第 21 個字（圖 2-12）。善用工具，讓工作的效率更加提升吧。

```
1    <!DOCTYPE html>
2    <html lang="ja">
3      <head>
4        <meta charset="UTF-8" />
5        <title>Sample</title>
6      </head>
7      <body>
8        <h1>Stack trace</h1>
9        <script>
10         fn1();
11
12         function fn1() {
13           fn2();
14         }
15         function fn2() {
16           fn3();
17         }
18         function fn3() {
19           console.log(nickname);
20         }
21       </script>
22     </body>
23   </html>
```

在 sample.html 第 19 行的
第 21 個字找到錯誤的原因

第 21 個字是 nickname 開頭的 n

● 圖 2-12　在 Visual Studio Code 搜尋錯誤的位置

開頭縮排的空白也要算進字元數喔

從堆疊追蹤知道程式碼 2-1 的錯誤發生在第 19 行的第 21 個字。第 19 行第 21 個字是 console.log (nickname) 裡面變數 nickname 開頭的 n。錯誤訊息寫著 nickname is not defined，也就是「nickname 沒有被定義」的意思。重新檢查程式碼，會發現完全找不到 nickname 的定義，由此可知，這就是發生錯誤的原因。

1-2 節的「不願意讀錯誤訊息的原因」之中有提到，太長的堆疊追蹤可能會讓剛開始接觸的人感到抗拒。

不過，堆疊追蹤只要先從發生錯誤的最終點開始看就好。**不需要讀完整個堆疊追蹤，先看過最終點那一行就可以開始處理程式問題。**

光是知道可以不用全部看完，
就讓人感覺輕鬆多了～

■ 無法在最終點解決問題的情況

通常在堆疊追蹤的最終點就能找到問題的起因，但在某些狀況，這還是不足以解決問題。再次看到 1-2 節「 看不懂的原因 3 讀過也還是不明白問題是什麼」介紹的例子。下面展示的是其中一部分的程式碼，以及這段程式碼引發的錯誤訊息（圖 2-13、圖 2-14）。

```
13
14          function hello(user) {
15            console.log(`Hello, ${user.nickname}`);
16          }
17
18          hello(user1);
19          hello(user2);          問題的來源有多個可能性！
20          hello(user3);
```

● 圖 2-13　難以立刻找出問題來源（程式碼）

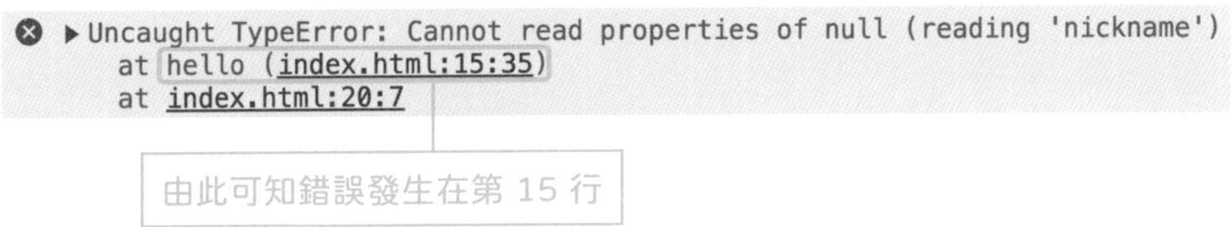

❌ ▶ Uncaught TypeError: Cannot read properties of null (reading 'nickname')
　　at hello (index.html:15:35)
　　at index.html:20:7

由此可知錯誤發生在第 15 行

● 圖 2-14　難以立刻找出問題來源（錯誤訊息）

　　堆疊追蹤第 1 行的 index.html:15:35 就是最後發生錯誤的位置。錯誤資訊寫道 Cannot read properties of null (reading 'nickname')，可以得知問題在於 user 的值是 null。要解決這個問題的話，就要先找出把 null 傳入 hello() 的 user 引數的位置，再加以修正。但令人困擾的是，使用 hello() 函式的位置居然有 3 個。**如果沒有堆疊追蹤的話，就只能把 user1、user2、user3 全部檢查一遍才行。**

幸好，在堆疊追蹤裡就能找出問題的根源。注意堆疊追蹤的第 2 行（圖 2-15），這裡的 20:7 就是呼叫 hello() 的位置，也就是把 null 傳入，導致問題發生的地方。找到程式碼的第 20 行，會發現 user3 就是傳入的 null。接下來只要找出對 user3 賦值的地方，就可以解決這個問題了（圖 2-16）。

```
⊗ ▶Uncaught TypeError: Cannot read properties of null (reading 'nickname')
    at hello (index.html:15:35)
    at index.html:20:7
```

在第 20 行呼叫的 hello() 就是問題的來源

● 圖 2-15　注意堆疊追蹤的第 2 行

```
13
14    function hello(user) {
15      console.log(`Hello, ${user.nickname} `);
16    }
17
18    hello(user1);
19    hello(user2);
20    hello(user3);     發現第 20 行就是問題的來源！
```

● 圖 2-16　問題來源的位置

循著堆疊追蹤向前回溯，
就可以快速找出錯誤的源頭囉

不同語言的堆疊追蹤方向也會不同？

　　JavaScript 和許多程式語言的堆疊追蹤都是由下往上記錄執行的過程，也就是在最上方可以看到發生錯誤的位置。

　　但是，Python 的輸出方向是相反的。下方範例是 Python 程式以 fn1→fn2→fn3 的順序執行，並在 fn3 出現錯誤的情況。因此，在 Python 查看錯誤原因的時候，要先從堆疊追蹤的最下方開始檢查。

Python 的堆疊追蹤

```
Traceback (most recent call last):
  File "/Users/misumi/sample.py", line 10, ⊋
in <module>
    fn1()
  File "/Users/misumi/sample.py", line 8, in fn1
    fn2()
  File "/Users/misumi/sample.py", line 5, in fn2
    fn3()
  File "/Users/misumi/sample.py", line 2, in fn3
    print(nickname)
NameError: name 'nickname' is not defined
```

錯誤的原因寫在這裡

瞭解錯誤訊息的類型

上一節介紹過，錯誤訊息分為幾種不同的類型。本節會以 JavaScript 為例，說明實際的錯誤訊息種類。只要瞭解錯誤訊息的類型，就能掌握錯誤訊息的輪廓，無論遇到什麼樣的狀況，都能更容易推測出該以什麼方式來處理。

雖然錯誤的類型在不同程式語言間有一些差異，本節的內容還是可以在 JavaScript 之外的大多數語言派上用場。

最重要的是，要先瞭解「**錯誤訊息有許多不同類型**」這件事，然後「**基於錯誤的類型來讀錯誤訊息的內容**」。在閱讀錯誤訊息的時候記住這一點，就會發現訊息變得更好懂，也會自然而然地習得更多知識。

■ 本節介紹的 JavaScript 錯誤訊息類型

- SyntaxError：語法錯誤
  - 發生程式碼的語法出錯的狀況

- ReferenceError：參照錯誤
  - 發生引用了不存在的變數的狀況

- TypeError：型別錯誤
  - 發生以不正確的方式處理值的狀況

- RangeError：範圍錯誤
  - 發生把許可範圍外的值傳入函式的狀況

首先介紹 SyntaxError。Syntax 的意思是「語法」,SyntaxError 就是指語法出錯而導致的錯誤。

實際來看看會造成 SyntaxError 的程式碼吧。

發生 SyntaxError 的程式碼

```
function add[a, b] {          錯誤成因的位置
  return a + b
}
```

SyntaxError 的範例

```
SyntaxError: Unexpected token '['
```

譯　語法錯誤:預期之外的標記 '['

這段程式碼本來是想定義一個函式,但把語法寫錯了(錯誤訊息裡的「token」是指程式語言中有意義的最小單位,可能是符號或字串)。定義函式時,在函式名稱後面應該要以 ( ) 指定參數,但在這裡寫成 [ ] 了。錯誤訊息的意思是,原本預期看到 (,卻看到預期之外的 [。

這就是所謂的語法問題。問題並不在於程式的邏輯設計,所以不需要檢查程式的邏輯部分,**只要把注意力放在程式碼的寫法**就好。若能找出問題,應該都能立刻修好。

Reference 的意思是「參照」，又譯為「參考」。舉例來說，想要使用不存在的變數，就是對不存在的資料做參照，會導致 ReferenceError。

發生 ReferenceError 的程式碼①

```
let message = "開心 debug";
function showMessage() {
  console.log(mesage);            ——— 錯誤成因的位置
}
showMessage();
```

ReferenceError 的範例①

```
ReferenceError: mesage is not defined
```

> 譯　**參照錯誤：mesage 沒有被定義**

這則錯誤訊息表示 mesage 沒有定義。在第 4 行傳入 console.log() 的引數寫成 mesage 了，少寫一個 s。像這樣引用沒有定義的變數或函式，就會發生 ReferenceError。

再看一個例子吧。這段程式碼乍看之下好像有定義 message 變數。

發生 ReferenceError 的程式碼②

```
if (true) {
    const message = "開心 debug";
}
function showMessage() {
```

```
    console.log(message);          錯誤成因的位置
}
showMessage()
```

譯　**參照錯誤：message 沒有被定義**

　　確實，在程式碼的第 2 行定義了 message 變數。不過這個變數是定義在 if 區塊裡面，變數範圍（scope）僅限於 if 的大括號 {} 內部，在變數範圍外面無法「參照」，因此還是會出現 ReferenceError。

「變數範圍」就是指變數或函式
可以被參照的範圍喔

錯誤的類型 3　TypeError

　　TypeError（型別錯誤）是使用不正確的方式處理程式裡的值的時候會發生的錯誤。例如，JavaScript 的字串可以用 length 屬性取得字串的長度，但如果對 null 存取 length 屬性，就會發生錯誤。

發生 TypeError 的程式碼①

```
"hello".length          ① 傳回 hello 的文字數「5」

null.length             ② 發生錯誤
```

```
TypeError: Cannot read properties of null (reading 'length')
```

null 並沒有 length 這個屬性，所以 ❷ 的部分就是對值（null）做出不正確的處理。

本來是用於字串型別的操作，使用在 Null 型別上，這就是「型別（type）」出錯而引發的程式異常。在 JavaScript 以外的其他語言也很常見。平時就必須對變數值的型別多加注意，避免這種狀況發生。

JavaScript 的 TypeError 還會發生在以下這些情況。

❶ 對定義為 const 的變數再次賦值
❷ 把不是函式的值當作函式來使用

發生 TypeError 的程式碼②

```
const a = 1;
a = 2;              ❶ 對 const 變數再賦值

const x = "hello"
x();                ❷ 對不是函式的值做函式呼叫
```

TypeError 的範例②

```
TypeError: Assignment to constant variable.    ❶ 的錯誤訊息
TypeError: x is not a function                 ❷ 的錯誤訊息
```

RangeError

這次先直接來看實際範例吧。這是一個創建陣列的程式碼,和它的錯誤訊息。

發生 RangeError 的程式碼

```
const arr = new Array(-1);
```

RangeError 的範例

```
RangeError: Invalid array length
```

> 譯 範圍錯誤:無效的陣列長度

用來建立陣列的程式碼 new Array(引數),可以在引數傳入陣列的元素數量,不過有效範圍僅限大於 0 的整數。上面的範例傳入 -1,就導致了 RangeError。

RangeError 會發生在這種把許可範圍外的值作為引數傳入的情況。看到這個錯誤時,就**先確認看看引數的值**吧。

其他語言的錯誤類型

其他的語言會有哪些錯誤類型呢?以下是其中一部分的整理。

■ PHP 的錯誤類型

- ParseError:PHP 的語法錯誤
- TypeError:引數或回傳值的型別和預期不同
- ValueError:函式收到有效範圍外的引數

■ Ruby 的錯誤類型

- SyntaxError：Ruby 的語法錯誤

- NoMethodError：呼叫的 method 不存在

- ArgumentError：引數的數量或格式和預期不同

- RuntimeError：預設的自定義錯誤

- NameError：參照未初始化的常數或是未定義的 method 名稱

- TypeError：物件不符合預期的型別

■ Python 的錯誤類型

- AttributeError：無法參照或代入屬性

- ImportError：無法用 import 載入模組

- IndexError：存取超出序列的範圍

- KeyError：（字典）映射的鍵（key）不存在

- TypeError：操作或函式使用的物件型別不正確

- ValueError：操作或函式使用的值屬於正確的型別，但不是有效值

■ 瞭解錯誤的類型，更容易預測原因與處置方式

　　瞭解前面介紹的這些類別後，就可以更容易預測錯誤原因和修正的方式。有些錯誤類型並沒有在這一章介紹到，其他不同程式語言的錯誤類型也會不同，不過不需要死背硬記，只要每次遇到錯誤訊息時都積累一些知識就可以了。

 以後遇到一樣的錯誤訊息，
就有辦法對付了！

如何快速
找出問題的
原因？

就算讀了錯誤訊息
也還是找不到問題
到底出在哪裡…

該不會
真正的
問題是…

隔天

這是…怎樣？

抱歉！
現在還不可以
開門進去！

咿

出現了神祕的錯誤！
目前正在驅邪中！

這應該不
是什麼靈異
現象喔…

前面的章節說明了讀懂錯誤訊息的方法及重要性。在第 3 章，我們會進一步學習「debug」的做法。所謂的 debug，指的是找出 bug 的成因再加以修正，還有這過程之中的所有工作。

前面所學的閱讀錯誤訊息，也是 debug 的其中一個環節。然而，在程式設計之中會出現許多狀況，就算讀了錯誤訊息也無法找出問題的原因，或是根本就沒有出現錯誤訊息但執行結果卻不如預期。

第 3 章會說明，在這些情況下也能**快速找出問題原因的方法。**

特別是在沒有出現錯誤訊息的情況，不必漫無目的東翻西找，重點是觀察程式的狀態、使用更有效率的手法來找出問題。

什麼是 Debug？

所謂的 debug，指的是從找出 bug 的真正原因開始到修復完成，這之間的一連串工作。Debug 這個單字，是由程式裡的 bug，加上英語前綴 de- 組合而成的。這裡的 de- 是「去除」的意思，因此 debug 就是代表「把 bug 去除掉」的程序。

在程式設計中，有很大量的時間都是耗費在 debug 上。「有個好點子想寫成程式，程式卻沒辦法如預期運作，在電腦前苦戰多時還是一籌莫展」，這樣的事情大家可能都經歷過吧。**Debug 的技巧對於寫程式的效率有非常大的影響。**如果擅長 debug，程式的開發速度與品質都會大幅提升。

Debug 對於程式設計的初學者來說，可能是非常困難又無趣的工作。不過，只要掌握了要訣，debug 也可以像尋寶或解謎遊戲一樣充滿樂趣。而且，反覆進行尋找錯誤原因的流程，也會自然加深對程式的理解。還請務必好好享受 debug 所帶來的挑戰。

為什麼是 Bug？程式裡有蟲？

　　「Bug」在英語的意思就是「蟲子」。為什麼程式裡的問題會是蟲子呢？有一個說法是美國的電腦科學家葛瑞絲‧霍普在處理電腦系統的問題時，發現有一隻飛蛾在電腦裡造成短路而導致系統異常，「bug」這個詞也就此用來代指造成異常的問題，廣為使用。在這更久之前，湯瑪斯‧愛迪生就曾以「bug」稱呼電力技術中遇到的問題或故障。

Debug 的流程

Debug 的大致流程如下圖所示（圖 3-1）。

● 圖 3-1　Debug 的流程

　沒有出現錯誤訊息的時候
該怎麼辦呢？

雖然聽起來有點誇大，但是 debug 可以說是在找到問題的原因時就幾乎已經完成了。之前也提過，看了錯誤訊息就能找出原因是最理想的狀況，而很多時候根本就沒有錯誤訊息，或是看完錯誤訊息還是無法理解。

　　在這種時候，可以運用所謂的「print 法」來確認程式的狀態，還有靠「二分搜尋」把問題分割來增加效率，逐步接近異常的原因。第 3 和第 4 章會解說這些用來定位異常原因的方法。

 哇啊，感覺好像很難喔

沒事啦！試過就會發現很簡單的

從 Print 法開始嘗試吧

　　一開始就先從 debug 的入門做法，「print 法」開始學習吧。Print debug 是初學者和熟練的工程師都會使用的基礎 debug 手法。Print 法的意思正如其名，就是把程式裡的東西輸出，用來在 debug 的過程中顯示程式的狀態。

　　各種程式語言裡都有特定的函式，可以把變數輸出。例如 JavaScript 的 `console.log()`。使用這些輸出函式，就可以在每次執行時確認變數的值、分析程式的狀態，進而鎖定發生問題的位置。

　　那麼就馬上來看看在 JavaScript 使用 print 法的示範吧。這份程式碼裡沒有 bug，不過可以用來理解 print 法一般的使用方式。

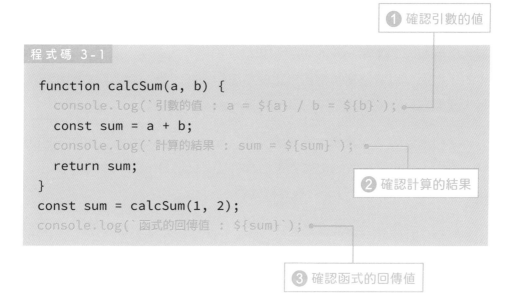

① 確認引數的值

程式碼 3-1

```
function calcSum(a, b) {
  console.log(`引數的值 : a = ${a} / b = ${b}`);
  const sum = a + b;
  console.log(`計算的結果 : sum = ${sum}`);
  return sum;
}
const sum = calcSum(1, 2);
console.log(`函式的回傳值 : ${sum}`);
```

② 確認計算的結果

③ 確認函式的回傳值

這段程式碼會建立並呼叫 calcSum() 函式。calcSum() 有參數 a 和 b，會計算兩數的總合再回傳，是很單純的加法計算。裡面穿插的 console.log() 會輸出引數值、途中計算的結果和函式的回傳值，用來確認函式的執行是否正確。

執行結果

```
引數的值：a = 1 / b = 2
計算的結果：sum = 3
函式的回傳值：3
```

 這樣就可以把程式執行的細節輸出到螢幕上確認了

像這樣把特定位置的變數值輸出，檢查程式的運作過程是否正常，就是 print 法的基本思路。有些人可能會覺得：「原來 debug 是這麼土法煉鋼的事情嗎？」確實 print 法是很粗糙、很原始的做法，但就算是經驗豐富的工程師，也還是常常會使用這個重要的技巧。逐一確認程式的執行流程，就能盡早發現預期之外的問題或 bug。

從初學者的角度來看，可能會覺得 print 法是個費時、沒效率的方法。實際上，也常常看到初學者在錯誤訊息出現之後，並不會用 print 法 debug，就只用眼睛一行一行檢查程式碼。

然而，只用看的通常很難解決問題。Print 法看起來確實很「土」，但也很實用，可以快速找出問題並修正。整體而言，是有助於提升 debug 效率的。

用 Print 法解決問題

接著來看看如何使用 print 法解決程式裡的問題。我們把上一個程式稍微擴充一點（程式碼 3-2）。

這個新的 calcSum() 函式以陣列作為引數，計算其中所有元素的總合之後回傳。

```
程式碼 3-2（有 bug 的程式碼）

function calcSum(array) {
  let sum = 0;
  for (let i = 0; i <= array.length; i++) {
    sum += array[i];
  }
  return sum;
}
const inputArray = [1, 2, 3, 4, 5];
const result = calcSum(inputArray);
```

在這段程式裡，預期中 calcSum() 的回傳值應該是 1 + 2 + 3 + 4 + 5 的總合 15 才對。但是，實際執行的回傳值卻是 NaN（Not a Number）。NaN 是在非數值的東西進行計算（加法、減法等等）後會出現的特殊值，用來表示計算沒有正確執行。也就是說，這段程式碼的某個地方出了問題。

現在就來想想，這段程式碼該用什麼方式來 debug 吧。

先用 print 法來檢查變數的內容吧！

首先，和上一個範例一樣，用 print 法把每一步的變數內容輸出。在各行之間加入 console.log()。

```
程式碼 3-2（加入 print 法）

function calcSum(array) {
  console.log(`① array = ${array}`);          ① 輸出引數陣列
  let sum = 0;
  for (let i = 0; i <= array.length; i++) {
    console.log(`② i = ${i} / array[i] = ${array[i]}`);
                                                ② 輸出 for 迴圈裡使用的變數
    sum += array[i];
  }
  console.log(`③ sum = ${sum}`);              ③ 輸出總合值
  return sum;
}
const inputArray = [1, 2, 3, 4, 5];
const result = calcSum(inputArray);
console.log(`④ ${result}`);                   ④ 輸出函式的回傳值
```

執行這個程式會得出下列輸出。

```
執行結果

① array = 1,2,3,4,5
② i = 0 / array[i] = 1
② i = 1 / array[i] = 2
② i = 2 / array[i] = 3
② i = 3 / array[i] = 4
② i = 4 / array[i] = 5
② i = 5 / array[i] = undefined    ← 這裡很可疑
③ sum = NaN
④ NaN
```

一看輸出結果，就會發現有個地方很可疑。② 的最後一行，在 i = 5 的時候，array[i] 變成 undefined 了。

undefined 代表的是未定義的值。因為 undefined 並不是數值，當然就不能進行加法運算。例如 1 + undefined 就會變成 NaN。所以說，這應該就是回傳值變成 NaN 的原因。

再來，仔細看看輸出，作為引數傳入的陣列，應該有 1 到 5 總共 5 個元素才對，但是 console.log() 卻輸出了 6 行 ②。

這是因為 for 迴圈的條件式設定為從 i = 0 開始，在 i <= array.length 條件下重覆，也就是在 0 ~ 5 的範圍內執行，最後多跑了一次迴圈。第 6 次的迴圈所存取的陣列元素並不存在，因此會回傳 undefined。

只要把 for 迴圈的條件式修正為 i < array.length，就可以正確計算出陣列所有元素的總合了。

善加使用 print 法，就可以從變數值、函式回傳值、條件式等線索中尋找發生異常的原因。雖然看起來粗暴又麻煩，但在很多時候，與其在同一個地方百思不得其解，還不如**直接動手搜集資訊，可以更快解決問題**。

使用 print 法，
就可以直接看到資料的變化過程了

沿著執行過程追本溯源

Print 法不只可以確認變數的內容，還可以確認程式在執行過程中究竟經過了哪些程式碼。這樣在程式的結果不如預期的時候，至少可以先確認是不是照著對的順序執行，縮小問題的搜尋範圍。

舉例來說，可以像下方的程式碼，在函式的開始和結束都加入 print 法（程式碼 3-3）。

```
程式碼 3-3

function main() {
   console.log("執行main()");
   func1();
   console.log("結束main()");
}
function func1() {
   console.log("執行func1()");
   func2();
   console.log("結束func1()");
}
function func2() {
   console.log("執行func2()");
   // 某些程序
   console.log("結束func2()");
}
main();
```

這樣就能在程式執行時，看到函式被呼叫的順序。

「就算不這麼做也能知道吧！」可能有人會這樣想。但實際 debug 的時候，很容易就會鬼打牆，只要稍微想偏了就可能一直找不到問題的原因。一一列出不確定的變數值、確認整體的執行流程，這些做法雖然看起來不太聰明，但也往往能就此在意想不到的地方找到問題的源頭。

用二分搜尋法加速 Debug

在上一節作為範例的那種程式碼片段，可以用 print 法調查問題原因的位置。但是，當程式碼變得更長，甚至還連接多個系統的時候，問題可能潛藏的範圍就會太廣，調查起來需要花太多時間。

這種情況可不能隨便挑個地方就開始嘗試 print 法，而是應該從程式碼整體慢慢篩選出可能發生問題的部分，更有效率地進行 debug。在這裡要介紹的，就是將「**二分搜尋法**」應用於 debug 的手法。二分搜尋法是一種搜尋演算法，雖然和 debug 並沒有直接關聯，但在搜尋問題原因的時候正好能派上用場。首先來簡單解說二分搜尋法。

二分搜尋法是什麼？

二分搜尋（binary search）是一種在已排序的序列裡快速搜尋指定值的演算法。

先從簡單的範例來看看二分搜尋法的運作方式吧。圖 3-2 是 7 張在背面寫著數字的卡片。有個重要的前提，**這些數字是由小到大排列的**。

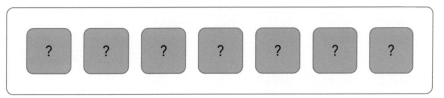

圖 3-2　卡片的背面寫著數字，　數字由小到大排序

在這 7 張卡片裡面有一張寫著「30」，如果想要找出這張卡，該以什麼方式來翻開卡片最有效率？

從其中一端開始照順序翻開不行嗎？

只是想找出卡片的話，從左邊開始照順序翻開當然也能找到。但是，這種作法的效率並不好。原因在於，在運氣最差的狀況，「30」可能會是最右邊的卡片，那就必須把所有卡片都翻開才行。同樣的道理，隨機翻開也不是最有效率的作法。

■ 快速找到卡片的方法

那麼，來看看效率比較好的尋找方式吧。善用「卡片已按數字大小排序」這個前提是其中關鍵。首先，第 1 張應該翻開的卡片是正中間那張。在這個範例中，就是左邊數來的第 4 張（圖 3-3）。

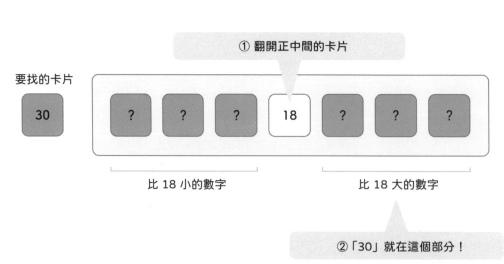

• 圖 3-3　首先要翻開正中間的卡片

翻開正中間的卡片後，發現上面寫著「18」。接著，就能以正中間的卡片為分界，把左邊的卡片分為「比 18 小的卡片」，右邊則是「比 18 大的卡片」。可以得知，想找的「30」會在右邊這一組卡片裡。

不要從兩側的卡片開始，而是**從正中間開始確認卡片的數字，就可以一次排除掉一半的可能性**。之後繼續重覆這個操作，就可以快速找出答案（圖 3-4）。

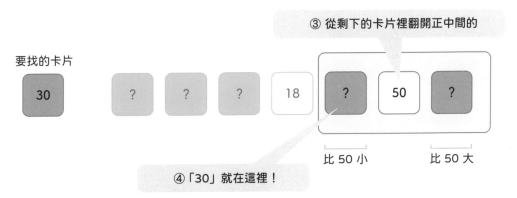

● 圖 3-4　繼續以正中間的卡片縮減範圍

這就是二分搜尋，藉由把搜尋範圍減半來找出要搜尋的對象。因為不必確認所有元素，可以更有效率地找到目標。

關鍵就是分成兩半！

二分搜尋的 Print 法

再來就要把這個二分搜尋的概念應用在 debug。只是，程式碼並不是前面範例中的數字卡片，也不會由小到大排序，該怎麼做二分搜尋呢？

雖然程式碼本身並沒有排序，但程式裡還是存在「執行的順序」（圖 3-5）。把各段程式碼依照執行的順序排列，就可以當作前面的卡片，套用二分搜尋法。

INPUT ⟶ 流程 A　流程 B　流程 C　流程 D　流程 E ⟶ OUTPUT

● 圖 3-5　程式裡有執行流程的順序

比起到處亂用 print 法，我們可以**在感覺不對勁的程式碼範圍的正中間加入 print，把這個範圍分成兩塊**。當然，如果有個明顯不對勁的地方，也可以直接從那裡開始加入 print。

■ 使用 Print 做二分搜尋的實際範例

這裡以「票價計算函式」作為實際的範例。票價的計算規則如下。

● **未滿 18 歲為兒童票 1,500 元**

● **18 歲（含）以上為成人票 2,000 元**

● **使用折價券可折抵 500 元**

下面的程式碼是上述票價規則的實作範例。這段程式碼裡有一個錯誤。

```
function ticketPrice(age, useCoupon) {
  let price;

  if (age < 18) {
    price = 1500;
  } else {
    price = 2000;
  }

  if (useCoupon = true) {
    price = price - 500;
  }

  return price;
}
```

　　接著來確認一下這個函式的執行結果。以年齡 18 歲、不使用折價券的狀況來計算票價吧。像這樣呼叫函式，算出的票價會是多少呢？

```
ticketPrice(18, false);
```

**18 歲就是成人票，不使用折價券，
所以應該是 2,000 元？**

　　但是，真的執行函式之後，算出的票價居然變成了 1,500 元。這是錯誤的結果。可以猜測是函式裡出了問題，導致計算結果不正確。

```
1500
```

本來應該是 2,000 元的成人票票價變成 1,500 元，這有可能是「判定是否未滿 18 歲」或「判斷是否使用折價券」其中一個程序出錯。像這樣有不只一種可能的原因時，二分搜尋就可以發揮效果。用二分搜尋的概念加入 print 法，找出實際的問題位置吧。

我們要設法把函式分成兩部分來進行 debug。函式的流程可以區分為「年齡的判斷」和「使用折價券的判斷」這兩段。在兩段中間加入用於 debug 的程式碼來進行二分搜尋。

● 圖 3-6　在 debug 應用二分搜尋法

程式碼 3-4（加入 print 法）

```javascript
function ticketPrice(age, useCoupon) {
  let price;

  if (age < 18) {
    price = 1500;
  } else {
    price = 2000;
  }

  console.log(`計算途中：${price}`);  ←── 加入
```

→接下頁

```
  if (useCoupon = true) {
    price = price - 500;
  }

  return price;
}
```

用同樣的引數執行修改後的 `ticketPrice()` 函式。

```
ticketPrice(18, false);
```

得出以下的結果。

計算途中：2000

在年齡判斷後面加入的 print 會顯示 price 變數在計算途中的值。從輸出結果 2000 可以看出，這個時間點的結果還是正確的，年齡判斷的部分並沒有問題。

● 圖 3-7　可確認前半段程式碼並沒有問題

從二分搜尋可以知道前半段的程式碼沒有異常。也就是說，問題出在後半段「使用折價券的判斷」部分。仔細看看這部分的程式碼，發現用來判斷有沒有使用折價券的 if 條件式裡面，把比較運算子 == 寫成賦值運算子 = 了。

異常原因的位置

```
if (useCoupon    true) {           應該是 useCoupon == true
    price = price - 500;
}
```

因為寫成賦值，useCoupon 參數不管本來是什麼值，都會變成 true。這段程式碼的效果就變成固定折扣 500 元了。

像這樣把程式碼用二分搜尋的概念分成兩塊，就能更輕鬆找出問題。這個範例為了方便說明，選用很短的程式碼作為範例，可能沒有很充分發揮出二分搜尋的效果。不過，把這個概念記在心中，未來一定能在 debug 的時候派上用場的。

錯誤訊息顯示的位置並沒有問題怎麼辦？

錯誤訊息中會具體顯示錯誤所在的行數。不過，顯示的位置看起來根本沒有問題……這種狀況也常常發生。這時也可以運用二分搜尋法，有效率地找出真正的原因。

把下面的程式碼存為 syntax_error.html 檔案，用瀏覽器打開，可以在主控台看到錯誤訊息。

```
<script>
  for (let i = 1; i < 10; i++) {
    console.log("{i}是");
    if (i % 2 === 0) { console.log('2的倍數'); }
    if (i % 3 === 0) { console.log('3的倍數');
    if (i % 4 === 0) { console.log('4的倍數'); }
    if (i % 5 === 0) { console.log('5的倍數'); }
    if (i % 6 === 0) { console.log('6的倍數'); }
    if (i % 7 === 0) { console.log('7的倍數'); }
    if (i % 8 === 0) { console.log('8的倍數'); }
    if (i % 9 === 0) { console.log('9的倍數'); }
  }
</script>          第 13 行
```

程式碼 3-5 的錯誤訊息

```
Uncaught SyntaxError: Unexpected end of input (at ⏎
syntax_error.html:13:5)
```

　　錯誤訊息裡標示的錯誤位置是「syntax_error.html:13:5」，也就是第 13 行、第 5 個字元的位置。

　　但是第 13 行是 HTML 的結束標籤 `</script>`，這一行看起來沒有任何問題。那到底是哪裡寫錯了呢？

就算讀了錯誤訊息也不知道
原因在哪裡！

出現了錯誤訊息，也指示了具體的問題位置，但這卻不是真正的問題原因，像這樣的狀況也是存在的。在這種時候，就可以使用二分搜尋。

作法很簡單，和之前幾乎一樣。把程式碼大致分成兩半，再把其中一半註解掉（comment out）。先把前半段設為註解吧。

```
<script>
  for (let i = 1; i < 10; i++) {
  console.log("{i}是");
  // if (i % 2 === 0) { console.log('2的倍數'); }
  // if (i % 3 === 0) { console.log('3的倍數');
  // if (i % 4 === 0) { console.log('4的倍數'); }
  // if (i % 5 === 0) { console.log('5的倍數'); }
  if (i % 6 === 0) { console.log('6的倍數'); }
  if (i % 7 === 0) { console.log('7的倍數'); }
  if (i % 8 === 0) { console.log('8的倍數'); }
  if (i % 9 === 0) { console.log('9的倍數'); }
  }
</script>
```

在這個狀態下執行程式，不會出現錯誤訊息，可以正常執行。所以問題就是藏在被註解掉的前半段。下一次反過來，把後半段註解掉，解除前半段的註解。

```
<script>
  for (let i = 1; i < 10; i++) {
  console.log("{i}是");
  if (i % 2 === 0) { console.log('2的倍數'); }
  if (i % 3 === 0) { console.log('3的倍數');
  if (i % 4 === 0) { console.log('4的倍數'); }
  if (i % 5 === 0) { console.log('5的倍數'); }
  // if (i % 6 === 0) { console.log('6的倍數'); }
  // if (i % 7 === 0) { console.log('7的倍數'); }
```

→ 接下頁

```
    // if (i % 8 === 0) { console.log('8的倍數'); }
    // if (i % 9 === 0) { console.log('9的倍數'); }
  }
</script>
```

執行程式之後果然就出現錯誤訊息了。繼續用註解來隔離程式。

```
<script>
  for (let i = 1; i < 10; i++) {
    console.log("{i}是");
    // if (i % 2 === 0) { console.log('2的倍數'); }
    // if (i % 3 === 0) { console.log('3的倍數');
    if (i % 4 === 0) { console.log('4的倍數'); }
    if (i % 5 === 0) { console.log('5的倍數'); }
    // if (i % 6 === 0) { console.log('6的倍數'); }
    // if (i % 7 === 0) { console.log('7的倍數'); }
    // if (i % 8 === 0) { console.log('8的倍數'); }
    // if (i % 9 === 0) { console.log('9的倍數'); }
  }
</script>
```

程式又可以正常執行了。這樣就把問題的位置大致篩選出來了，就在被註解掉的前 2 行。仔細看看程式碼，第 5 行用來判斷 3 的倍數的 if 少了下括號 }。所以真正的原因並不在第 13 行，而是在第 5 行才對。

雖然這個範例是用眼睛看就能發現的語法錯誤，但在更複雜的程式裡，很多錯誤是很難直接看程式碼就找到的。在這種時候，就可以把程式碼分區設為註解，靠二分搜尋法找出真正的原因，會更有效率。

 花在 debug 的時間少了好多！

為什麼會標示在不對的位置？

　　話說回來，為什麼前面這個錯誤訊息標示的位置和真正出錯的位置不一樣呢？這裡用更簡單的程式碼作為範例來說明。

```
for () {
  if () {          ── 忘了結束 if 敘述
}
```

　　我們看到這樣的程式碼，應該會覺得是忘了寫結束 if 敘述的大括號吧。然而，對於電腦來說，這並不是忘記結束 if 敘述，而是會視為忘記結束 for 敘述。在電腦的視角，程式碼會整理成下面這樣的概念。

```
for () {
  if () { }
                   ── 忘了結束 for 敘述
```

　　也就是說，電腦會認為這段程式碼的錯誤不是在第 2 行，而是在第 3 行發生。這就會導致 if 或 for 敘述的範圍記號出現語法錯誤時，出現的錯誤訊息會標示在與真實原因不同的位置。

在更大的尺度進行二分搜尋

一個系統不會只有一份程式碼，而是需要很多部件組合起來才能運作。例如網路應用程式（web application、webapp）一般都需要在瀏覽器上執行的前端（JavaScript 和 HTML／CSS），加上在伺服器執行的後端（PHP 或 Ruby、資料庫、基礎設備），搭配在一起運作（圖 3-8）。

在這麼龐大的系統裡，要找出問題來自哪個部件是非常困難的。

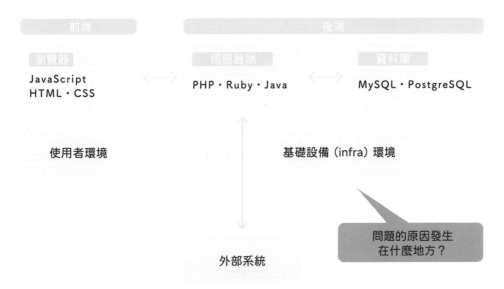

● 圖 3-8　系統是由很多部件組合起來運作的

也在這裡試試前面用的二分搜尋法吧。整個系統該怎麼分割，可能會讓人有點困惑。因為系統很難對半分，建議**可以用前端和後端、伺服器和資料庫這種物理上的明確界線進行分割。**

在這個例子，可以先把前端和後端分開（圖 3-9）。

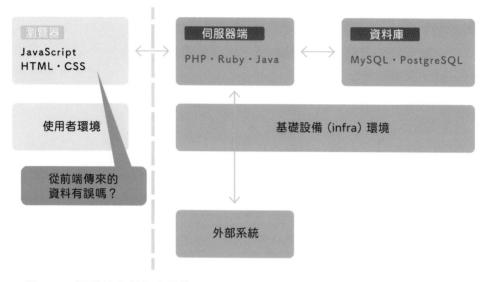

● 圖 3-9　把系統分割為大單位

　　首先確認從前端傳來的資料是否正確。如果前端傳來的資料符合預期，就可以推斷前端沒有發生問題（圖 3-10）。

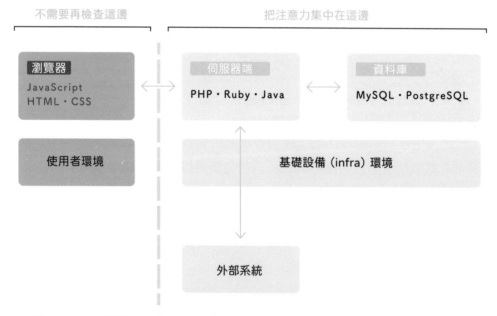

● 圖 3-10　可推測原因在伺服器端

這時，需要搜索的範圍已經限縮到後端。需要注意的是伺服器和資料庫，另外還有基礎設備和外部系統。繼續重覆這個步驟，把大部件裡沒有問題的部分分割出去（圖 3-11）。

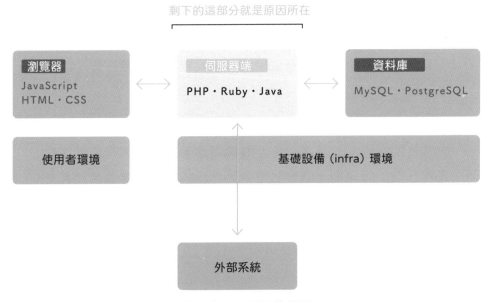

● 圖 3-11　重覆分割系統，　篩選出問題原因的位置

就像這樣，不一定要嚴謹地分割成兩等分，也可以把前端、伺服器、資料庫等容易分割的大單位分開，一樣可以讓 debug 變得更輕鬆。

使用 Git 進行二分搜尋

版本管理工具 Git 之中，有一個非常便利的 bisect 指令，可以用二分搜尋找出問題的原因。版本管理工具就像依照數字大小來排序的卡片一樣，是依照過去到現在的時間順序排序的修改紀錄。

bisect 指令利用紀錄照時間排序的特性，可以快速檢查出問題發生的時間點。運用二分搜尋的概念，在沒有問題的時間點和有問題的時間點之間取出正中間的紀錄，檢查這個時候有沒有問題，然後重覆這個流程，就可以找出造成問題發生的那一次修改。

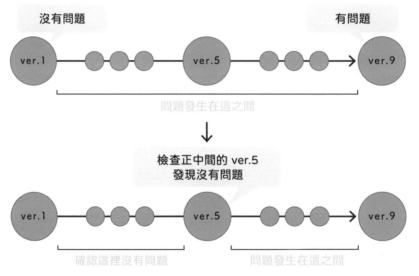

● 圖 3-A　在 Git 使用二分搜尋

本書不會解說 bisect 指令的使用方法，不過這是個簡單的指令，還請務必參考 Git 的 reference，嘗試操作看看。

用最少量的程式碼進行 Debug

　　快速找出異常原因的方法，除了二分搜尋之外，還有「用最少量的程式碼重現問題」這個做法。漫無目的進行 debug，是一項如同在廣大沙漠中尋找一顆鑽石一樣的工作。想要快速完成 debug，最重要的是先排除無關於異常原因的區域，縮減需要搜索的範圍（圖 3-12）。

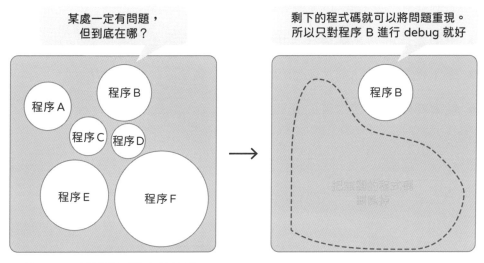

● 圖 3-12　縮減需要搜索的範圍

　　接下來以「用小視窗顯示 SNS 的個人檔案編輯表單」這項功能為例（圖 3-13）。小視窗裡設計了修改使用者名稱和大頭貼圖片的功能。按下編輯按鍵，就會顯示這個小視窗。

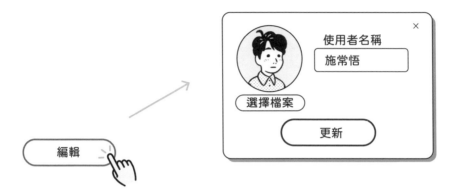

● 圖 3-13　個人檔案的編輯視窗

假設顯示小視窗的內部處理流程如下。

● **由編輯按鍵的點擊事件（click event）顯示小視窗**

● **顯示更新大頭貼圖片和使用者名稱的表單**

● **從資料庫取得使用者的資料**

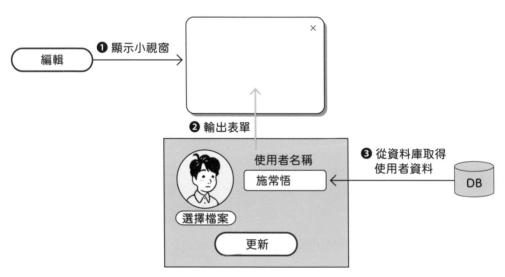

● 圖 3-14　顯示小視窗的內部流程

但是，實際檢查卻發現，按下編輯按鍵後並沒有出現小視窗。顯然是出了什麼問題。那麼，就在這個情境下試試看用最少量的程式碼來 debug 吧。

要把程式碼縮減到最少量，第一步就是移除和視窗顯示無關的部分。表單裡顯示的資料先就改為虛擬資料（圖 3-15）。

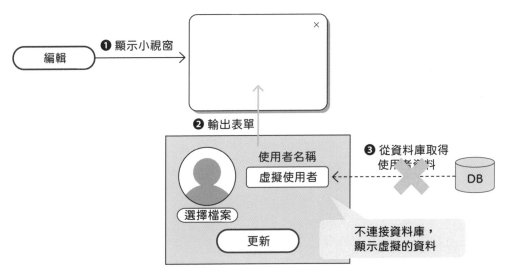

● 圖 3-15　移除取得使用者資料的部分

如果這時可以正常顯示小視窗，就能確定是從資料庫取得使用者資料的過程有問題。反之，如果還是無法顯示小視窗，就要繼續刪除其他部分，往最少量的程式碼逼近。

這次把表單的輸出移除。這麼一來，剩下的程式碼就只有顯示一個空白小視窗的功能（圖 3-16）。

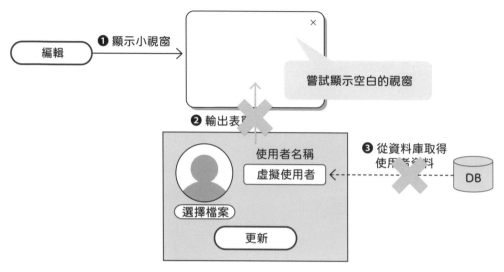

● 圖 3-16 移除表單輸出的部分

　　這個狀態就可以正常顯示出小視窗了。可以得知，問題是出在輸出表單的程序。

　　這就是「用最少量的程式碼重現問題」的 debug 方法。把程式碼逐步移除、逼近最少量的過程中，就能找到有問題的部分。

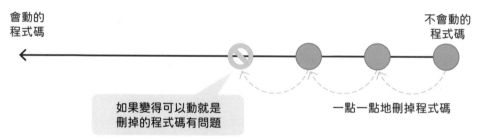

● 圖 3-17 讓程式碼逐步接近可以動的狀態

還有另一種作法是反過來操作，從零開始製作最低限度的功能，再慢慢把其他部分加回去，並在過程中重現問題。在程式碼非常大量的情況，會很難知道是哪些部分造成影響，也會很難把問題切割開來處理。在這種時候，就可以從零開始以最低限度的功能實作一個樣本程式，在過程中找出問題的原因。

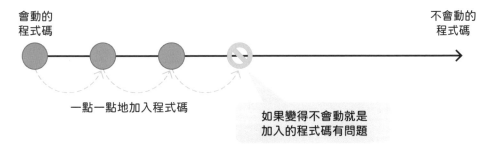

會動的
程式碼

不會動的
程式碼

一點一點地加入程式碼

如果變得不會動就是
加入的程式碼有問題

● 圖 3-18　讓程式碼逐步接近不能動的狀態

在不同的情況，適用的方法也會不同，就選處理起來比較容易的來嘗試吧。**重點在於，把程式碼直接刪除，逐步減少可疑的部分。**

最少量的程式碼更容易求助

以最少量程式碼重現問題的優點，還不只是讓自己的 debug 可以更有效率而已。

進行 debug 時，有時也會需要和團隊或社群的成員等其他人討論。在討論的時候，要是把大量的程式碼傳給對方，說：「這個程式碼的結果和預期不一樣耶……」，對方也很難把程式碼通通看完再分析。

可重現問題的最少量程式碼，能讓其他人更容易代為檢查，討論也能更順利，從結果來看同樣有助於自己的 debug 工作。

向前輩請教的時候，
要先縮減成最少量的程式碼！

幫大忙了～

COLUMN

睡一覺就能修好 Bug ？

睡一覺就能修好 bug……怎麼可能有這種事情？當然，現實中不可能發生這種事。不過，在處理問題途中遇到難關時，與其絞盡腦汁拼命地想，可能還不如好好去睡一覺，整頓腦袋裡的東西，或許醒來時就會靈光乍現，想到問題的原因。

睡眠對工作的品質是非常重要的。卡在某個難關毫無進展的時候，就立刻跳進被窩裡睡覺吧。或許會有從沒想到的全新靈感出現。

高效 Debug 的正確態度

Debug 有一個很重要的基本態度，就是要注意「先提出假設，再進行驗證」的流程。觀察 debug 速度快的人和速度慢的人，就可以從他們的做法看出差異。

先提出假設

Debug 速度快的人有個特徵，就是有能力辨識問題的位置和提出假設。

○○是原因嗎？還是○○才對？

雖然看不太懂，
總之先試試看吧……

● 圖 3-19 Debug 速度快的人會事先提出假設

在寫程式的過程中會經歷各種不同模式的 bug，之後遇到 bug 的時候，就會根據過去的經驗做出預測、提出假設。如果長期投入某個系統的話，對系統整體會有更深入的瞭解，提出品質更好的假設。

那麼，只有經驗豐富的人才能提出假設嗎？這也不一定。確實，對程式經驗較多的人來說會更容易提出高品質的假設。但是，假設這種東西就算是程式設計的初學者也是可以提出的。「具體上不太清楚，不過可能是關於……」這種模糊的假設也沒有關係。

可以將以下幾個步驟記下來，作為提出假設的技巧。

- 把想到的所有可能的原因列成清單

- 清單的內容要寫得具體且簡要

- 在過程中把重覆的項目刪除，如果有複數原因要分開列舉

- 最後依照重要程度排序

這麼一來，就能列出附有優先度的假設清單了。

■ 假設清單的範例

- 可能引數值和預期不同

- 可能變數值無意間被複寫了

- 可能函式的執行順序出錯了

- 可能函式庫的使用方法錯了

一次只驗證一個假設

提出假設之後的驗證方式，也會在 debug 速度快的人和慢的人之間看出差別。

Debug 速度快的人，一次只會驗證一個假設。也就是很少同時檢驗多個假設，**會把注意力集中在檢驗其中一個假設**。這種作法也可以把修改的程式碼限縮到最少量。

另一方面，程式初學者面對問題時常常過於慌張，把各種想到的東西都拿來檢驗。結果就是，各處的程式碼都被修改過，這些修改又對系統整體造成影響，讓問題變得更複雜。修改的範圍應盡可能縮小，這是很重要的原則。

不要毫無規劃就下手，而是應該集中檢驗特定一項假設，這對於快速進行 debug 是非常重要的。

來檢查〇〇是不是原因吧

這個也很可疑，那個也很可疑，啊，這裡也試試看好了

● 圖 3-20　Debug 速度快的人一次只會驗證一個假設

小小的疑點也不可以放過

Debug 新手常犯的毛病是「對一個假設過度執著」。用各種方式不斷檢查同一個地方，覺得這個也不對、那個也不對，一直煩惱。完全不會去想其他部分也可能是問題的原因。

Debug 速度快的人不會執著於一個點。看到和問題本身沒有直接關係的程式碼，只要覺得有一點可疑，就算可能性很低也還是要著手檢查。

這看起來很像白費力氣。但是，重複把問題分隔開來、確實地逐一檢查，才是通往高效率 debug 的捷徑。

這好像有點怪？
保險起見檢查一下

那個不會是原因！
問題的原因絕對是在這裡！

● 圖 3-21　Debug 速度快的人不會放過任何疑點

不要怕麻煩

曾經有程式設計的新手遇到程式的問題，來找筆者討論。談到程式的狀況時，筆者問：「有沒有試過○○了？」對方回答：「沒有，因為太麻煩了就沒有試。我猜問題的原因不在那裡。」雖然能體會這種心情，但這種含糊的判斷在 debug 時可是大忌。

Debug 速度快的人，看起來似乎總是很有效率，不會浪費時間，但很多時候其實並非如此。Debug 速度越快的人，越是會不怕麻煩、直接動手嘗試。要把問題切割，就需要累積很多這種基礎的作業，而這就會決定 debug 的效率。

可能白費功夫但也試試吧　　太麻煩了還是不要試好了

● 圖 3-22　Debug 速度快的人不會怕麻煩

泰迪熊效應

泰迪熊效應（Teddy Bear Effect）是指，在遇到困難、難以進展的時候，可以像是和布娃娃說話一樣，把自己的想法說出口，可能就會得到過去沒有的靈感，或是注意到之前忽略的事情。Debug 也有類似的概念，稱為「小黃鴨 debug 法」（或稱橡皮鴨）。這是指對著鴨子玩具一行一行說明程式碼來進行 debug 的作法。

Debug 這項工作，就像是在黑暗中摸索並完成拼圖一樣。向泰迪熊或小黃鴨說明，聽起來可能有點誇張，但比起一個人苦苦思索、停滯不前，還是和誰談談會比較好吧。

說明的時候，最好是只做簡略的說明。不要像是準備演講稿那樣規劃細節，只要輕鬆、隨興地把當下遇到的困難化為語言說出來就好，這樣才會有效。在說明的過程中，可能就會恍然大悟，想出問題的解方。

善用工具
讓 Debug
更輕鬆

可媛姐，這個 bug
我實在是修不好⋯

我去幫你
看看問題在哪

確實很難處理耶⋯
可以在這裡把程式
停下來檢查一下嗎？

停⋯停下來！？

停下來⋯？

STOP？

時間靜止？

我懂了！

停下來⋯！！

HAND POWER

抱歉，
是我沒講清楚⋯

在開發工作中，有聽過叫作**除錯器（debugger）**的工具嗎？在第 4 章要說明的，就是用除錯器來 debug 的方法。除錯器的用法看起來可能有點難，很多人因此不願意接觸。實際上，除錯器本身的功能很單純，只要先認識術語和熟悉介面，操作起來就會相當容易。

學會使用除錯器之後，就可以達成和第 3 章學到的 **print 法相同的效果，而且更有效率**。花在 debug 的時間變得更短，程式的生產力就會更加提升。不需要有壓力，抱著輕鬆的心情來試試看吧。

另外，雖然在不同程式語言或編輯器裡，作為除錯器的實際工具並不相同，但基本的使用方法都是一樣的。學過一次之後，就可以在各種場合派上用場。

強大的工具：除錯器

所謂的除錯器（debugger），指的是可以協助 debug 的工具。可能很多人都只聞其名，不曾實際使用。為了這些不瞭解除錯器的人，本章這就來說明除錯器的使用方法。

具體來說，除錯器這項工具可以做到什麼事呢？**除錯器可以在程式執行的過程中，在指定的地點將執行程序暫停。** 暫停的程式會進入待機狀態，這時就能查看變數的值，或是執行其他用於檢驗的程式碼。再來，除錯器還具備「step」（逐步執行）功能，可以逐行執行程式碼，同時確認執行的結果。

綜上所述，**除錯器是比第 3 章介紹的 print 法更有效率的強大工具。** Print 法需要手動加入程式碼來輸出變數的值，要是漏掉輸出，就只能反覆花時間修改。相較之下，使用除錯器時只要把程式暫停，就可以自在又快速地進行 debug（圖 4-1）。

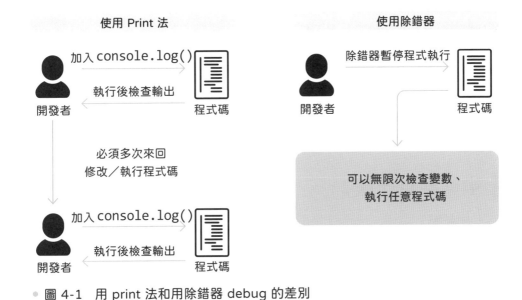

● 圖 4-1　用 print 法和用除錯器 debug 的差別

　　不過，不同的程式語言或框架會使用不同的除錯器工具。舉例來說，網路應用程式的 JavaScript 可以使用瀏覽器內建的「開發人員工具」、PHP 可以使用「Xdebug」、Ruby 則有「debug.gem」等等，以上都是較具代表性的工具。操作的方式也有一些差別，有從瀏覽器執行的，也有從編輯器執行的。這次以 JavaScript 作為範例，解說瀏覽器（Google Chrome）開發人員工具的除錯器使用方式。

　　使用除錯器對於找出、修正程式碼的問題是很重要的技能。一開始學習時可能會讓人覺得有點麻煩，但只要越過這一關，就能更有效率且穩定地 debug。現在一起來學習除錯器的使用方法吧。

除錯器……
總覺得有點帥，好期待啊！

使用中斷點

首先要認識的是除錯器最重要的功能：中斷點。

中斷點是什麼？

中斷點（break point）是對 debug 非常有幫助的一項功能。中斷點**可以讓執行中的程式暫停在任何位置**。程式執行到預先設定好的中斷點之後，後續的部分就會暫時停止。

執行的
方向

程式會在設定中斷點的
位置停下來

後續的部分進入待機狀態

● 圖 4-2　用中斷點讓程式暫停

在這個暫停的狀態，就**可以觀察程式的內部狀況**。具體來說，就是檢查變數的值，還有執行任何程式碼。這可以用於辨識 bug 的起因、確認程式是否如預期運作。

規模較小的程式，只要用 print 法檢查每個變數的內容就可以很有效地 debug，但程式的規模擴張後，效率就會隨之下降。運用中斷點，就能在暫停時進行各種檢驗，省去反覆使用 print 法的麻煩。

 執行到一半的程式還可以暫停，真的假的啊？

中斷點的設置方式

　　那麼就來實際體驗一下中斷點的設置吧。首先以簡單的範例來瞭解中斷點的效用（程式碼 4-1）。

　　這份 HTML 檔案裡面有 JavaScript 的程式碼，用 console.log() 來輸出數字 1、2、3。

程式碼 4-1

```html
<!DOCTYPE html>
<html lang="zh-TW">
  <head>
    <meta charset="UTF-8" />
  </head>
  <body>
    <h1>範例</h1>
    <script>
      console.log(1);
      console.log(2);
      console.log(3);
    </script>
  </body>
</html>
```

首先單純執行這段 JavaScript 程式。用 Google Chrome 打開 HTML 檔，在畫面右上方的三點選單裡選擇「更多工具」裡的「開發人員工具」，開啟開發人員工具（圖 4-3）^{（※註 1）}。

● 圖 4-3　開啟開發人員工具

在開發人員工具裡的「主控台」頁籤可以查看 console.log() 輸出的 1、2、3（圖 4-4）。

● 圖 4-4　顯示 console.log() 的輸出結果

※註 1　也可以用快捷鍵 F12 開啟或關閉開發人員工具。

如果找不到「主控台」頁籤，可以在開發人員工具右上的三點選單點選「顯示主控台導覽匣」，就會顯示出來（圖 4-5）。

● 圖 4-5　顯示 「主控台」 頁籤

■ 用開發人員工具設置中斷點

接著就馬上來設置中斷點吧。中斷點可以在「原始碼」頁籤設置。在「原始碼」頁籤選擇檔案，就會在右側顯示出原始碼（圖 4-6）。

● 圖 4-6　顯示原始碼

中斷點的設置非常簡單，點擊原始碼的行數位置就會設置藍色的標記。這個藍色標記會中斷程式的執行。這次就在執行 `console.log(2);` 的位置設定中斷點吧（圖 4-7）。

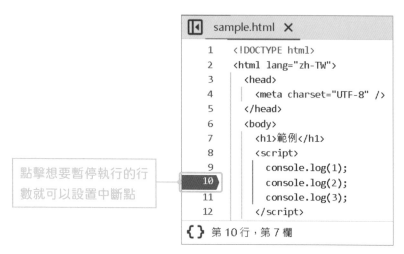

點擊想要暫停執行的行數就可以設置中斷點

● 圖 4-7　設置中斷點

在設置好中斷點的狀態下，重新整理瀏覽器。重新整理後，中斷點就會發揮功能，在設定的位置中斷程式執行。中斷點生效的時候，瀏覽器也會顯示觸發中斷點的特殊畫面（圖 4-8）。

顯示中斷點的特殊畫面

● 圖 4-8　用中斷點暫停程式的執行

程式…停下來了！

在主控台頁籤會看到，輸出只有一個 **1** 而已。由此可知，設置中斷點的 `console.log(2);` 並沒有執行，程式被中斷了。要繼續執行程式的時候，點擊藍色的箭頭按鍵就可以從停止的位置繼續執行（圖 4-9）。

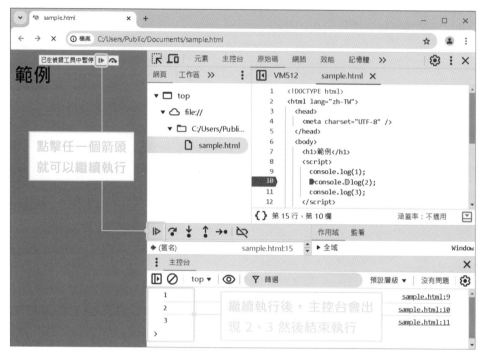

● 圖 4-9　繼續執行程式

　　就像這樣，只要點擊想暫停的程式碼行數，再執行程式，就可以使用中斷點的功能。另外，想移除設好的中斷點的話，再點一次藍色的標記就好。

試著用中斷點來 Debug 吧！

　　接下來要做的就不只是把程式停下來而已，而是要實際應用於 debug。這次要建立下方這個 HTML 檔案，用 Google Chrome 開啟（程式碼 4-2）。

程式碼 4-2

```
<!DOCTYPE html>
<html lang="zh-TW">
```
→ 接下頁

```html
<head>
  <meta charset="UTF-8" />
</head>
<body>
  <input type="text" name="num1" size="4" />
  +
  <input type="text" name="num2" size="4" />
  =
  <span class="result"></span>
  <button type="button">開始計算</button>
  <script>
    const num1 = document.querySelector("[name=num1]");
    const num2 = document.querySelector("[name=num2]");
    const result = document.querySelector(".result");
    const calcButton = document.querySelector("button");
    calcButton.addEventListener("click", () => {
      const sumNum = sum(num1.value, num2.value);
      result.textContent = sumNum;
    });
    function sum(a, b) {
      return a + b;
    }
  </script>
</body>
</html>
```

　　在瀏覽器打開這個 HTML 檔，會看到像下圖的 2 個輸入欄位和「開始計算」按鍵（圖 4-10）。這是一個輸入 2 個數值後可以顯示總合的簡單程式。

● 圖 4-10　應用程式範例

那麼就實際輸入數值來計算看看吧。輸入 1 和 2 然後按下「開始計算」（圖 4-11）。

● 圖 4-11　試著計算 1＋2……

應該要顯示 3 才對，結果卻是顯示 12。也就是說，這個應用程式裡有 bug。

使用中斷點來找出 bug 吧。首先啟動 Google Chrome 的開發人員工具，然後打開「原始碼」頁籤。畫面上會顯示 HTML 檔案的原始碼（圖 4-12）。

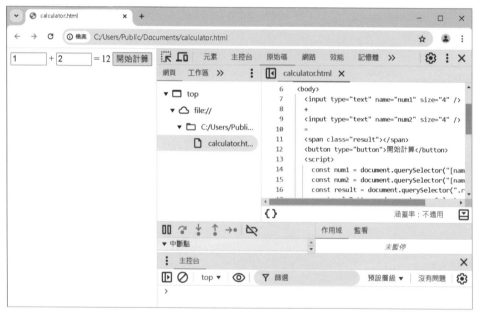

● 圖 4-12　顯示出範例程式的原始碼

設置中斷點的方式和之前的說明一樣，點擊程式碼的行數即可。這次想檢查的是按下按鍵的程序，所以就在點擊事件（click　event）的函式所在的第 19 行暫停吧（圖 4-13）。

● 圖 4-13　在第 19 行設置中斷點

設置中斷點之後，再一次輸入數值並按下計算鍵（圖 4-14）。

● 圖 4-14　再一次計算 1 + 2

中斷點讓程式暫停了。現在是設置中斷點的 `const sumNum = sum(num1.value, num2.value);` 這一行尚未執行的狀態。

在開發人員工具裡點選「作用域」頁籤，可以檢查變數的狀態。裡面的 `sumNum` 是 <已忽略值>，因為 `sum()` 函式還沒有執行（圖 4-15）。

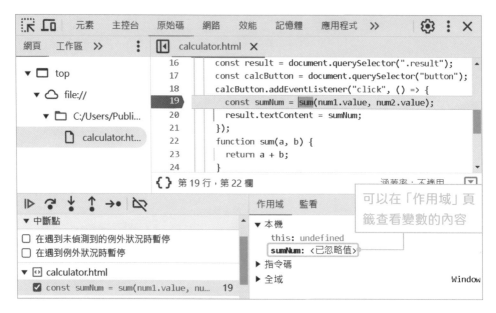

● 圖 4-15　在 「作用域」 頁籤查看變數的內容

再來檢查傳進 `sum()` 函式的引數 `num1.value` 和 `num2.value` 的內容。因為這兩個並不是區域變數，所以不會顯示在「作用域」面版上，不過還是可以把滑鼠游標放在「原始碼」頁籤的程式碼上，變數的值會顯示在跳出的小視窗（圖 4-16）。

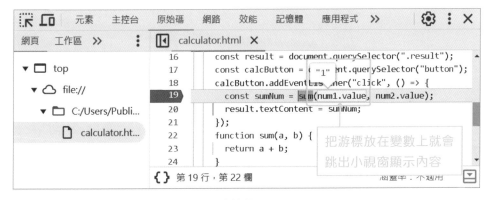

● 圖 4-16　把游標放在變數上查看變數值

num2.value 也可以用同樣方法查看。看起來分別是從輸入收到的 1 和 2 沒錯。這樣就確認了資料有正常輸入並傳給引數。那可疑的就是 sum() 函式的部分。要檢查後續的程式碼，可以使用「step」的功能。

Step（單步執行）功能，可以**從暫停的位置開始再執行一點程式碼**。點擊開發人員工具的「進入下一個函式呼叫」（step into）按鍵，就可以一次一行地執行所有的程式碼（圖 4-17）。

● 圖 4-17　用 step 功能逐行執行程式碼

這次的 step 會讓程式執行到 sum() 函式裡，然後再次暫停（圖 4-18）。使用 step 功能，就可以像這樣逐步執行／暫停，在過程中檢查程式是否正常運作。

在 sum() 函式後面，會醒目標記參數 a 和 b 的值。內容確實和之前相同，傳入了引數 1 和 2。加法（a + b）的部分只是單純使用加法運算子，應該也沒有問題才對。

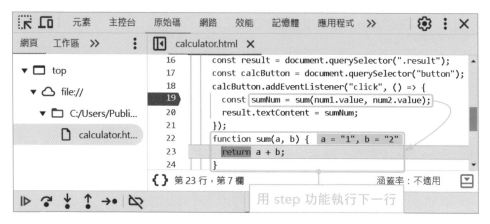

● 圖 4-18　用 step 功能移動到下一行程式碼

現在來試試看中斷點的「**在暫停狀態執行任意程式碼**」這項功能吧。這項功能可以省下反覆修改、執行、確認結果的麻煩，大幅縮短 debug 耗費的時間。像這種看起來沒有問題但執行結果不如預期的情況，就不該只讀程式碼，更重要的是實際測試。

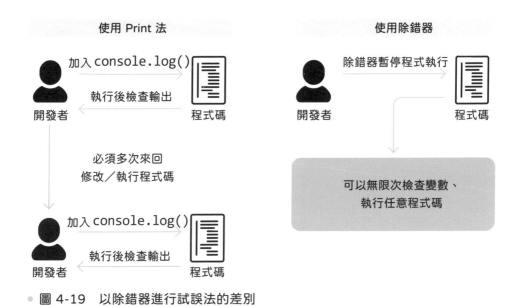

使用 Print 法

加入 console.log()

執行後檢查輸出

開發者　　　　　程式碼

必須多次來回
修改／執行程式碼

加入 console.log()

執行後檢查輸出

開發者　　　　　程式碼

使用除錯器

除錯器暫停程式執行

開發者　　　　　程式碼

可以無限次檢查變數、
執行任意程式碼

● 圖 4-19　以除錯器進行試誤法的差別

保險起見，還是確認一下加法運算是否正常運作。程式暫停在中斷點的時候，可以從主控台存取 a、b 等變數。

那麼就來檢查變數 a、b 的內容，還有兩個值相加的結果吧（圖 4-20）。

主控台

top ▼　　　篩選　　　　　　　預設層級

> a

< '1'

> b

< '2'

> a + b

< '12'

>

輸入 a 再按下 Enter，
檢查變數 a 的內容

預期 a + b 是
3 但輸出是 12

● 圖 4-20　在主控台檢查這個時間點的變數內容

咦？答案應該是 3 才對，怎麼變成 12 了？由此可知，這個加法運算就是 bug 的原因。這難道是因為加法運算子（+）壞掉了嗎？作為確認，直接在程式碼輸入 1 + 2 執行看看吧（圖 4-21）。

● 圖 4-21　在主控台檢查運算子的功能

和預期相同輸出了 3，確定不是加法運算子有問題。改為檢查 a、b 變數吧。

檢查後就發現了很基礎的失誤：放進 a 和 b 的不是數值，而是字串（字串在開發人員工具會加上引號 '...'，數值則不會）。

在 JavaScript 對字串使用加法運算的話，會把字串連接起來，所以輸出才會變成 12。如果要正確計算數值的加法，就必須先把數字字串轉換成數值型別。

下方程式加入了 parseInt() 函式，把字串轉換成數值（程式碼 4-3）。這樣就可以依照原本的設計算出數值之間的加法計算結果了。

```
<script>
  const num1 = document.querySelector("[name=num1]");
  const num2 = document.querySelector("[name=num2]");
  const result = document.querySelector(".result");
  const calcButton = document.querySelector("button");
  calcButton.addEventListener("click", () => {
    // 轉換成數值
    const num1Value = parseInt(num1.value);
    const num2Value = parseInt(num2.value);      修正
    const sumNum = sum(num1Value, num2Value);
    result.textContent = sumNum;
  });
  function sum(a, b) {
    return a + b;
  }
</script>
```

　　活用中斷點，就可以像這樣檢查變數狀態、逐行執行程式、在主控台執行任意程式碼等等，讓 debug 變得容易許多且非常有彈性。

慢慢習慣除錯器的操作吧！

在程式碼裡設置中斷點

前面的例子是用開發人員工具設置中斷點。這種做法雖然沒有什麼問題，但還有更輕鬆的設定方式，那就是在程式碼裡面加入 debugger; 就好。在想要暫停的位置加入 debugger; 這行程式碼再執行，就會自動在這個位置觸發中斷點。

```html
<!DOCTYPE html>
<html lang="zh-TW">
  <head>
    <meta charset="UTF-8" />
  </head>
  <body>
    <h1>範例</h1>
    <script>
      console.log(1);
      console.log(2);
      debugger;              設置中斷點！
      console.log(3);
    </script>
  </body>
</html>
```

如果手邊可以直接修改原始碼，那麼把中斷點設置在程式碼裡面可能會更方便。除了 JavaScript 之外，其他語言也可以在程式碼內設置中斷點。

→ 接下頁

- **JavaScript**：`debugger;`

- **Ruby**：`binding.irb`

- **Python**：`import pdb; pdb.set_trace()`

　　不過，在原始碼直接設置中斷點的時候，有一點務必要注意。結束 debug 之後，一定要把 `debugger;` 或 `import pdb;` `pdb.set_trace()` 這些中斷點刪掉。如果忘記刪掉就發布出去，程式就會在實際執行時停止，反而變成別的 bug。

各式各樣的 Step 功能

Step 功能主要有 3 種。在 Google Chrome 開發人員工具的按鍵對應如圖 4-22 所示。

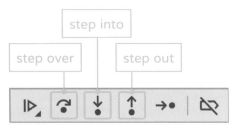

● 圖 4-22　操作 step 功能的按鍵

Step Into（進入下一個函式呼叫）

　　Step into 是最單純的 step：執行目前暫停的一行程式碼，前進到下一行。也就是確實地逐行執行程式碼。想要謹慎前進的時候可以使用這個功能，不過要執行完全部的程式就會很花時間。

● 圖 4-23　Step Into

請看下一個程式碼範例。設置的中斷點暫停程式後，使用 step into 會先進入 add() 函式。add() 函式執行結束後，會再進入 multiply() 函式逐行執行。

```
function add(a, b) {              第 1 次執行
    const sum = a + b;
    return sum;                  第 2 次執行
}
function multiply(a, b) {         第 3 次執行
    const product = a * b;
    return product;              第 4 次執行
}
function calculate() {
    const x = add(5, 3);          設置中斷點
    const y = multiply(2, 4);
    console.log(x, y);           第 5 次執行
}
calculate();
```

Step Over（不進入下一個函式呼叫）

Step over 會執行目前這一行程式碼，前往下一行。遇到呼叫函式的時候，不會進到函式內部暫停，而是直接執行完整個函式再前往下一行。Step over 可以一步一步執行程式並瞭解程式碼的整體樣貌。

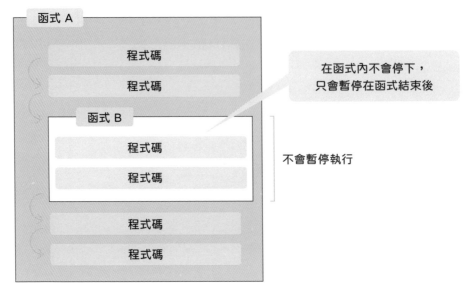

函式 A

程式碼

程式碼

在函式內不會停下，
只會暫停在函式結束後

函式 B

程式碼

程式碼

不會暫停執行

程式碼

程式碼

● 圖 4-24　Step Over

　　在下方的程式碼執行 add() 函式前按下 step over，就不會進入函式內部，而是會執行整個函式後停在下一個 multiply() 函式前。再來 multiply() 函式也一樣會一口氣執行完，不會在裡面暫停。在不需要檢查函式內部的時候，就可以使用 step over。

```
Step Into 的執行方式

function add(a, b) {
    const sum = a + b;
    return sum;
}
function multiply(a, b) {
    const product = a * b;
    return product;
}
function calculate() {
    const x = add(5, 3);          設置中斷點          → 接下頁
```

```
    const y = multiply(2, 4);  ────────  第 1 次執行
    console.log(x, y);  ────  第 2 次執行
}
calculate();
```

Step Out（跳離目前的函式）

Step out 表示離開現在的函式。也就是結束目前執行的函式，送出回傳值，回到呼叫函式的位置。Step out 可以在除錯器已經進入函式內、想要回到呼叫處的時候使用。

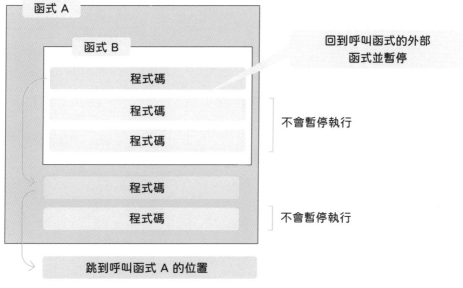

在下方範例如果發現不需要逐行執行函式內部，就可以用 step out 離開函式。將 step into 和 step out 組合使用，就可以更有效率地 debug。

```
function add(a, b) {                        在這裡 step out
    const sum = a + b;
    return sum;                             這裡就不會暫停
}
function multiply(a, b) {
    const product = a * b;
    return product;
}
function calculate() {
    const x = add(5, 3);                    設置中斷點
    const y = multiply(2, 4);
    console.log(x, y);
}
calculate();
```

各種 Step 的適用情境

在實際的 debug 過程中，可以照下表列出的方式使用不同的 step 功能，讓工作更有效率。

● 表 4-1 各種 Step 的適用情境

功能	適用情境
Step Into	需要逐行仔細確認程式碼的時候
Step Over	不需要到函式內部檢查細節、想確認全體流程的時候
Step Out	用 step into 進到不需要 debug 的函式時，用來離開函式

條件中斷點

多數除錯器中都有稱作條件中斷點（conditional breakpoint）的功能。這是可以在符合特定條件時啟動除錯器的功能。

作為範例，下方是一段從 1 輸出到 10 的程式碼（程式碼 4-4）。如果想在變數 i 是 5 的時候中斷程式的話，用一般設置中斷點的方式，就會啟動 10 次中斷點，每次迴圈都會暫停。其中有 9 次暫停都是不需要的，必須一直手動跳過中斷點，非常麻煩。

程式碼 4 - 4

```
for (let i = 0; i < 10; i++) {
  console.log(i);          在這裡設置中斷點
}
```

這時就可以使用只在需要時啟動除錯器的條件中斷點。

條件中斷點可以設定各種類型的條件，如下所列。不同除錯器支援的功能可能不同，大家可以研究一下平時慣用的編輯器或 IDE。

- **特定運算式的結果為 true 時**

- **程式碼執行了指定次數時**

- **特定的函式或 method 執行時**

- **變數值被設為特定值時**

- **例外或錯誤發生時**

使用條件中斷點

實際來試試看使用條件中斷點吧。這次要設置多數除錯器都有的「特定運算式的結果為 true」這個條件。

在 Google Chrome 打開 4-2 節當作範例的兩數加法應用程式的 HTML 檔。然後在想暫停的位置設置中斷點。作為範例，在點擊計算按鍵時會執行的函式（第 19 行）設定了中斷點（圖 4-26）。

● 圖 4-26　在第 19 行設置中斷點

這樣在每次點擊「開始計算」的時候都會觸發中斷點。接著要加上條件，設定為只在沒有輸入 num1 的狀況才會啟動除錯器。

在中斷點的藍色標記上點擊右鍵，會出現中斷點的選單。選擇其中的「編輯中斷點」（圖 4-27）。

● 圖 4-27　在中斷點上點擊右鍵

　　然後就會顯示條件中斷點的設定欄（圖 4-28）。這裡可以設定任意的條件。

● 圖 4-28　條件中斷點的設定欄

　　這次要設定的條件是「只在 num1 沒有輸入的時候才啟動除錯器」，所以把檢查 num1 是否有輸入的 num1.value == '' 條件式放入欄位中。

```
      const result = document.querySelector(".result");
17    const calcButton = document.querySelector("button");
18    calcButton.addEventListener("click", () => {
19      const sumNum = sum(num1.value, num2.value);
```

Line 19: 條件中斷點 ▼

num1.value == ''

☑ 瞭解詳情：中斷點類型

● 圖 4-29　輸入判斷 「num1 是空字串」 的條件式

　　實際實驗看看，num1 有輸入值的時候按下計算並不會觸發中斷點，但在 num1 沒有輸入的時候，就會觸動中斷點把程式暫停。

設定好條件就可以更有效率地 debug 喔

　　可以用程式碼設置中斷點的語言，也可以用程式碼達成條件中斷點的效果（程式碼 4-5）。

程式碼 4-5

```
calcButton.addEventListener("click", () => {
  if (num1.value == '') {    ←── 和除錯器設定條件的效果相同
    debugger;
  }
  const sumNum = sum(num1.value, num2.value);
  result.textContent = sumNum;
});
```

除了用除錯器的功能來設定條件中斷點，也可以透過程式碼的條件分支來設置（程式碼 4-6）。哪種方法比較方便，答案因人而異，選擇自己順手的方式來使用就可以了。

程式碼 4-6

```
for (let i = 0; i < 10; i++) {
  if (i === 5) {          ———  用程式碼設定觸發中斷點的條件
    debugger;
  }
  console.log(i);
}
```

瀏覽器上的實用條件中斷點

Google Chrome 等瀏覽器的開發人員工具裡準備的條件中斷點還有許多便利的功能，在開發網路應用程式的前端（HTML／CSS、JavaScript）時若能加以活用，可以讓 debug 更有效率。

● 表 4-2 用於瀏覽器的條件中斷點

類型	簡介
XHR/Fetch 中斷點	可以在網路通訊時啟動除錯器，也能以指定 URL 為條件縮減範圍。可用於關於網路通訊的程式 debug
DOM 中斷點	可以指定 HTML 元素的狀態變化作為條件。例如屬性變更、元素被刪除、子元素改變等條件。可用於操作 DOM 的程式 debug
事件監聽器中斷點	可在各種事件觸發時啟動除錯器。已經知道造成異常的事件類型（滑鼠或鍵盤操作、畫面大小改變、動畫等等），但不知道程式碼中的發生位置時可以派上用場

4-5

使用變數監看

　　某些除錯器還具備**變數監看**的功能。有了這個功能，想要檢查變數的內容時就不必每次都設置中斷點，可以在執行時查看變數的變化。

　　和之前一樣，用 Google Chrome 的開發人員工具來監看變數吧。

　　打開原始碼頁籤，會看到裡面有一個「監看」頁籤。在這裡就能進行變數的監看。使用方法很簡單，只要按下「新增監看運算式」再輸入想監看的變數就好（圖 4-30）。

● 圖 4-30　原始碼的「監看」功能

這次要監看的是 num1 輸入欄的值。在監看頁籤點擊 ＋ 按鍵，輸入 num1.value（圖 4-31）。

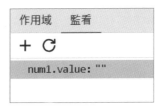

● 圖 4-31　輸入想監看的對象

然後，在瀏覽器畫面上的 num1 欄輸入數值後，按下監看頁籤的「重新整理監看運算式」，就會顯示輸入的值（圖 4-32）。

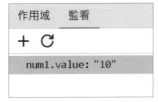

● 圖 4-32　反映出在欄位輸入的值

真的就像在監看一樣！

如範例所示，監看頁籤可以在任何時間檢查指定的變數。

不過要注意，設為監看對象的變數必須是全域變數，例如函式內部宣告的變數就無法存取。需要監看的話，可以把變數值臨時代入全域變數，就可以監看了。

以監看變數 sumNum 為例。這個變數在點擊事件（click event）的函式內部，所以無法監看。這時可以把變數值代入全域的 window 物件，就可以從外部存取（程式碼 4-7）。

```
calcButton.addEventListener("click", () => {
  const sumNum = sum(num1.value, num2.value);
  window.sumNum = sumNum;        代入全域變數
  result.textContent = sumNum;
});
```

在編輯器裡使用除錯器

　　雖然本章是用 Google Chrome 作為除錯器的範例，但 Visual Studio Code 等編輯器裡也有除錯器可供使用（圖 4-A）。不同編輯器和程式語言的操作方式會有點差異，但和 Google Chrome 大致上都相同。請務必也嘗試看看。

設置中斷點　　　　　　　　　　　　　　　Step 功能

● 圖 4-A　Visual Studio Code 的除錯器介面

用盡方法 也無法解決 怎麼辦？

從第 1 章到第 4 章，我們學會了錯誤訊息的解讀方法還有 debug 的作法。只要能活用這些知識與技巧，就算程式發生錯誤，也多半可以解決問題。

　　但是，在實際的開發工作中，有很多狀況是沒辦法如此順遂解決的。第 5 章會介紹的，就是**即使試過前面介紹的 debug 方法也無法解決問題時的應對方式**。本章的內容並非關於 debug，而是要說明在網路上搜尋的方法，以及錯誤訊息被隱藏起來、找不到的狀況該怎麼處理。

　　Debug 這件事，就是用盡所有方式來搜集線索與資訊，提升解決問題的成功機率。有時仰賴他人或是自己搜集資訊也是很重要的。不管怎麼做都無法解決問題的時候，就把各種有可能的具體方案一個一個拿來實際嘗試吧。

程式設計相關的資料蒐集技巧

對程式設計師來說，**蒐集資料**是一項非常重要的技巧。在尋找 bug 的解決方法時，蒐集必要資訊的能力也會大大影響所需的時間。

本節會介紹推薦給程式設計師的搜尋技術以及蒐集資料的訣竅。

Google 的搜尋技巧

大家遇到無法解決的錯誤訊息時，應該都有把訊息內容貼到 Google 搜尋的經驗吧？如果可以就這樣得到解決問題需要的資訊，那當然是最好的，但應該也常常會找不到資料。尤其是在錯誤訊息特別罕見的情況，搜尋結果裡可能會完全沒有關於解決方式的網頁。這種時候可以試試以下介紹的方法，或許可以得到比較好的搜尋結果。

■ 搜尋關鍵字加上引號

首先是可以用在 Google 搜尋的功能。Google 會自動調整關鍵字，讓搜尋結果更有彈性，所以找到的內容會包含和關鍵字有一點差異的文字。在平常搜尋的時候雖然很方便，但不太適合用來搜尋錯誤訊息。因為應該要搜尋和錯誤訊息完全相同的文字，才更有可能找到關於解決方式的搜尋結果。

使用 Google 搜尋時，可以**將搜尋的關鍵字加上英文引號**，使用「**完全相符搜尋**」功能找出包含一模一樣文字的網頁。

作為範例，在 Google 搜尋以下的錯誤訊息：

```
Cannot read property 'price' of null
```

在圖 5-1 能看到，沒有使用完全相符搜尋的時候，搜尋結果裡會出現只包含部分關鍵字的網頁。這種彈性搜尋雖然也有機會找到有幫助的資訊，但如果想要和錯誤訊息完全相符的內容，就可以像圖 5-2 那樣在關鍵字前後加上引號。

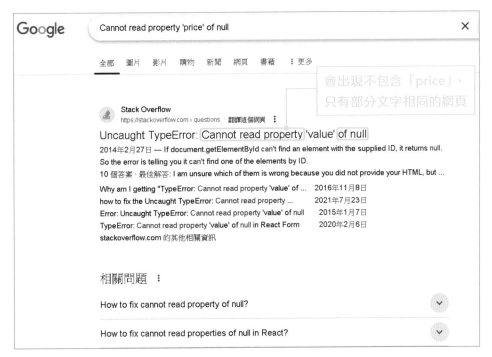

● 圖 5-1　不使用完全相符搜尋的搜尋結果

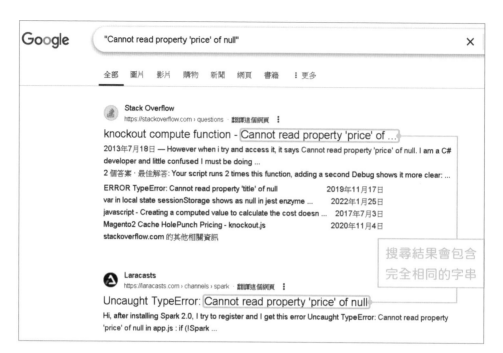

● 圖 5-2　使用完全相符搜尋的搜尋結果

還可以這樣改變搜尋結果啊！

■ 搜尋關鍵字不要包含實際的檔案名稱

　　通常錯誤訊息都會親切地標示相關的檔案名稱和行數。但是，這個檔案名稱是開發者自己命名的，多半和發生的錯誤沒有直接關聯，搜尋時會造成干擾。因此，在搜尋時**把錯誤訊息裡的實際檔名從關鍵字裡刪掉**吧。

不過這也是有例外的，像是錯誤訊息來自於特定的函式庫或框架的情況。舉例來說，函式庫的設定檔案會有固定的名稱，就可以作為搜尋的關鍵字。在同樣的錯誤訊息裡如果包含函式庫的檔案名稱，就會更容易命中需要的網頁。

■ 用英文搜尋

不限於程式設計，網際網路上的英文內容遠多於其他語言。因此，使用英文搜尋會比使用中文更有機會命中想找的資訊。如果用中文搜尋時找不到理想的結果，就改用英文搜尋看看吧。

英文程度不太好也不用擔心。在 debug 過程中需要搜尋時，使用的英文關鍵字通常都會是下方這種模式。○○ 的部分請填入使用的函式庫或框架名稱。如果不是特別冷門的問題，通常都可以在 Stack Overflow 之類的外國問答網站或部落格找到。

搜尋關鍵字

○○ not working (或是 ○○ doesn't work)

其他如「how to use」或「how to implement」等關鍵字也可以用在實作或 debug 的時候。另外，不太擅長英文的人也可以用翻譯工具把想查詢的句子翻譯成英文來搜尋。

GitHub 的搜尋技巧

使用 GitHub 的搜尋功能也可能會有意想不到的收穫。例如，自己使用的某個函式庫無法正常運作時，可以在 GitHub 搜尋使用同樣函式庫的程式碼。檢查其他程式碼和自己的程式碼之間有哪裡不同，可能就會發現沒注意到的問題。

範例程式碼不只在 debug 的時候可以參考，使用新技術進行開發時也可以派上用場。來看看在 GitHub 上的搜尋技巧吧。

 在 GitHub 就可以看別人的程式碼看到飽

　　想在 GitHub 更有效率地搜尋的話，推薦使用「GitHub code search」功能，以下示範的是免費版的功能。

　　不使用 GitHub code search 也可以在 GitHub 做各種搜尋，不過本節要介紹的是 GitHub code search 的兩個方便的使用技巧。

■ 用正規表達式搜尋

　　GitHub 的搜尋和 Google 一樣，一次搜尋多個單字的話，會把各個單字當作分開的單位來處理。所以，和關鍵字原本的單字順序不一樣的內容也會出現在搜尋結果。這時，只要使用正規表達式（regular expression），就可以正確地搜尋。如下範例，前後加上「/」就可以使用正規表達式來搜尋。

```
/正規表達式/
```

　　假設想要搜尋的是「export function hello」這段字串。用一般的搜尋方式，就會在結果中找到單字分散在不同位置的檔案。可是，這個字串是指「定義 hello 函式並將其匯出」的程式碼，應該要找到內容和這個字串完全一致的檔案才對。這種狀況就可以如下加入「/」來搜尋。

```
/export function hello/
```

只要這樣做，就可以在搜尋時篩選出和原本輸入的關鍵字完全相符的字串（圖 5-3、圖 5-4）。

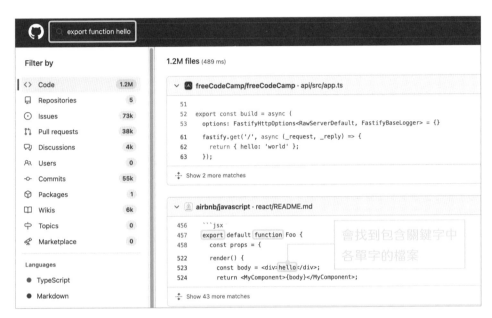

● 圖 5-3　不使用正規表達式的搜尋結果

● 圖 5-4　使用正規表達式的搜尋結果

上面的範例只是單純排列英文單字，除此之外也可以使用基本的正規表達符號。舉例來說，也可以用下列這種比較複雜的正規表達式來搜尋。

```
/function say[a-z]{4}\(/
```

用這個正規表達式可以找到：

- **function sayName(**

- **function sayFile(**

像這樣在 say 後面跟著 4 個字母的函式（圖 5-5）。

善用正規表達式可以讓搜尋更輕鬆喔

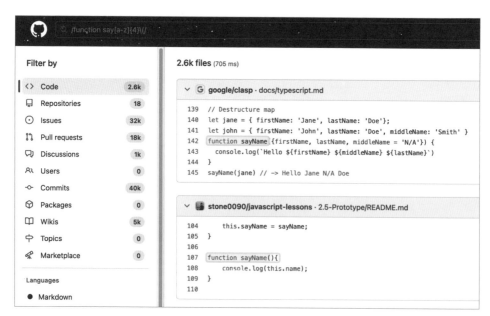

● 圖 5-5 在 GitHub 使用複雜的正規表達式搜尋

■ 篩選檔案路徑

GitHub 搜尋可以用檔案路徑篩選搜尋結果。搜尋時在「path:」後面加上想搜尋的路徑名稱即可。

```
path:路徑名稱
```

用「Tailwind CSS」這個工具來示範吧。使用這個工具時，需要編輯一個命名為「tailwind.config.js」的設定檔；如果想知道這個檔案的編輯方法，就把檔案名稱當作路徑名稱來搜尋（圖 5-6）。

```
path:tailwind.config.js
```

● 圖 5-6　在 GitHub 用路徑名稱搜尋

像這樣活用 GitHub code search，就可以更有效率地找到和問題相關的程式碼，查看其他的開發者如何實作。和自己寫的程式碼比較其中差異，就能得到可作為參考的資訊。

使用過這些搜尋技巧也找不到解決方法的時候，向程式設計的社群求助也是個好選擇。其中的代表就是 Stack Overflow。在 Stack Overflow 可以詢問任何技術相關的問題。Stack Overflow 主要都是使用英文，但回答率和資訊量非常高，因此還是推薦使用（圖 5-7）。

想要在 Stack Overflow 這種問答網站得到有用的回答，有一些重點必須注意。

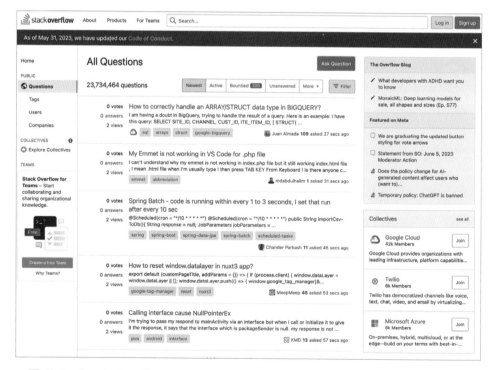

● 圖 5-7　Stack Overflow

每次發問都很擔心到底會不會
有人回答⋯

記住這些簡單的重點，就不用擔心！

■ 設定具體而明確的標題

在問答網站提供答案的使用者中，很多都是從問題的標題決定要不要回答。因此，若是標題不夠具體、明確，就會很難得到回答。簡潔地描述具體的名詞和問題是很重要的。

例如「為什麼不會動⋯⋯請幫幫我」這種標題，沒有明確寫出發生的問題，被忽略的可能性就很高。「使用 React 的 useState 沒有反映出變更」這樣具體的標題就會比較有效。

■ 完整詳述問題的細節

無法得到回答的問題還有個共同點，就是沒有充分描述問題的細節，無法辨識出問題的原因。例如只有「出現了錯誤訊息，不能執行」這樣的說明，沒有錯誤訊息的細節，回答者也很難給出具體的答案。發文提問時，注意以下幾點來撰寫提問的內容吧。

● 出現錯誤訊息時附上所有的訊息（若堆疊追蹤太長，可以只附上相關的部分）

● 附上程式碼時，也適度附上前後的程式碼

- 明確列出使用的語言、函式庫、執行環境等等的具體名稱和版本

- 簡要列出操作和執行的順序

- 明確指出預期的行為和想達成的目標

　　在提問中包含以上要點，可以更容易得到有助於解決問題的答案。如果能清楚易懂地描述自己遭遇的難題，就能更容易獲得世界各地開發者的支援，程式設計的實力也能因此而提升。

尋找第一手資訊

　　前面介紹的是使用搜尋功能和社群來蒐集資料的方式。不過，在蒐集資料時，**第一手資訊**也是很重要的。

　　官方文件或函式庫的 repository 等第一手資訊，和個人部落格、教學網站等第二手資訊，兩者之間會有以下的差異。

- 第一手資訊

  - 官方資訊的準確度較高

  - 有機會發現本來不知道的功能或規格

- 第二手資訊

  - 資訊可能過時或有誤

  - 需要自己篩選正確的資訊

　　英文不好的人，在使用工具和函式庫時可能會不願意讀官方文件。要把說明文件等第一手資訊從頭到尾讀完確實很困難，不過還是要記得，在 debug 卡住的時候可以把相關的部分找來讀讀看。

　　以下介紹一些代表性的第一手資訊。

■ 官方文件

函式庫或框架沒有照預期運作的時候，先把官方文件找來讀讀看吧。可能會發現是沒注意到一些設定，或是弄錯了使用方法。函式庫的規格在不同版本也可能有差異，讀文件時也要注意這一點。

■ Issue

使用的函式庫如果有公開在 GitHub，和自己有相同困擾的人就可能會建立 issue。搜尋已關閉的 issue，就有機會找到值得參考的答案。

■ 函式庫的原始碼

作為最終手段，也可以直接看看自己覺得有問題的程式碼。對於不習慣讀程式碼的人來說可能會感到有點抗拒，不過追根究柢來說，我們自己寫的程式碼和安裝的函式庫同樣都是「程式碼」。為了找出程式不會動的原因，閱讀函式庫的程式碼，確認實際發生的行為，也是一種解決問題的方式。

我要來讀讀看函式庫的程式碼，
稍微用功一下！

不、不要太勉強自己喔…

找不到錯誤訊息怎麼辦？

當程式不照預期運作時，如果有輸出錯誤訊息，至少還能搜尋具體的解決方法。但是，根本就沒有顯示錯誤訊息、或是找不到錯誤訊息的狀況也是會發生的。在這種情況，如果只能到處碰運氣、用試誤法隨機修改程式碼或設定，就會需要很多時間才能解決問題。

沒有出現錯誤訊息該怎麼辦才好啊！

出了問題卻找不到錯誤訊息，可能是因為發生以下的狀況。來看看每個狀況的處理方式吧。

● **檢查的位置有誤**

● **錯誤訊息的輸出設定**

● **錯誤被掩蓋**

檢查的位置有誤

近代的軟體開發是非常複雜的。前端、伺服器端、資料庫、web 伺服器等等，各種不同的語言和工具組合在一起才能打造出一套系統。在這種情況，很容易就會分不清自己到底是在哪裡遇到問題。

■ 確認登場的角色

分不清問題的位置時，首先最重要的是**確認系統中的登場角色**。在很複雜的系統裡，可能根本就弄錯該檢查的位置，所以才會找不到錯誤訊息。

以網路應用程式（web app）為例，常見的組成是區分為在瀏覽器執行程式的前端，以及執行伺服器的後端。

在這個結構中，把這 2 個部分視為「不同的登場角色」來處理就很重要。原因在於，不同登場角色的錯誤訊息會顯示在不同的位置。前端的錯誤訊息會顯示在瀏覽器的開發人員工具，而後端的錯誤訊息會顯示在終端機（圖 5-8）。

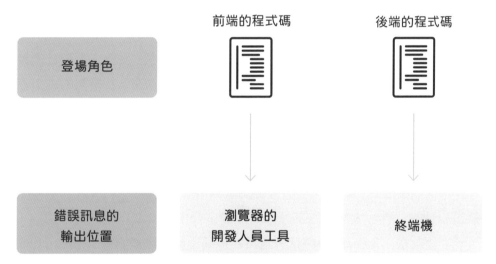

● 圖 5-8　系統裡的登場角色會在不同位置輸出錯誤訊息

在前端出現錯誤的時候，檢查終端機（黑色視窗）也不會看到任何錯誤訊息。不知道問題出在哪裡的話，先冷靜下來，檢查每個會顯示錯誤訊息的位置吧。

再來看另一個例子，這次是伺服器端由 web 伺服器、應用程式伺服器、資料庫 3 者組成的情況。在處理使用者發出的請求時，會依照 web 伺服器、應用程式伺服器、資料庫的順序執行。在一開始的 web 伺服器出錯的話，檢查應用程式伺服器是不會發現錯誤訊息的（圖 5-9）。

● 圖 5-9　找錯地方就會找不到錯誤訊息

在眼前的範圍找不到錯誤訊息時，就把視角放遠，整理一下系統裡登場的角色吧。可以掌握登場角色的關聯性的話，就能避免在不對的地方浪費時間搜尋，更快完成 debug。

錯誤訊息的輸出設定

確認登場的角色之後，下一步是確認使用的各個工具和程式分別輸出錯誤訊息的位置。大部分的工具都可以設定輸出錯誤訊息的方式。例如，可能在終端機（黑色視窗）顯示，也可能會輸出到文字檔案裡。

輸出錯誤訊息的位置也有很多種呢

不瞭解這項設定的話，就可能會沒注意到輸出在文字檔的錯誤訊息，一直等待終端機顯示出錯誤訊息。好好認識各個工具和程式的錯誤訊息輸出設定吧。

PHP 的錯誤訊息輸出設定

PHP 可以在設定切換錯誤訊息的輸出 ON / OFF。

看到下方的程式碼，範例 ① 程式碼的 echo nickname 部分有錯誤，執行後會出現錯誤訊息。

PHP 程式範例①

```php
<?php
$nickname = 'Alice';
echo nickname; // 正確應為 echo $nickname;
?>
```

執行範例①會顯示的錯誤訊息

```
Uncaught Error: Undefined constant "nickname"
```

再看到範例 ②，雖然也有同樣的錯誤，但插入了「display_errors」的設定，關閉錯誤訊息的輸出，所以不會顯示錯誤訊息。

→ 接下頁

```php
<?php
ini_set('display_errors', 1);
$nickname = 'Alice';
echo nickname; // 正確應為 echo $nickname;
?>
```

　　由此可見，程式語言和開發工具（web 伺服器或框架等等）的設定可能會導致錯誤訊息不被輸出。找不到錯誤訊息的時候也可以先檢查看看這些設定。

錯誤被掩蓋

　　錯誤被掩蓋或被隱藏起來（譯註：原文為「エラーを握りつぶす」），是什麼意思呢？這裡指的是**即使發生錯誤也不會顯示錯誤訊息，而是繼續執行程式**的情況。

　　以 JavaScript 為例，使用 try ~ catch 敘述就可做到掩蓋錯誤。來看看實際範例（程式碼 5-1）。

程式碼 5-1

```
try {
  data = getData();          發生錯誤的程式碼
} catch {
                              什麼也不做
}
```

程式碼 5-1 裡的函式 getData() 就算發生錯誤，也不會顯示錯誤訊息或停止執行。因為在這裡沒有停止執行，變數 data 就會被存入不正確的值，後續的執行就會引發無法預期的結果。

寫這種程式碼的時候，至少要加入錯誤訊息的輸出，不可以完全無視錯誤，才能有效辨識出錯誤的發生。

COLUMN

錯誤訊息中的 Uncaught 是什麼意思？

至今介紹的許多錯誤訊息中，應該會注意到前面都有 uncaught 這個單字。Uncaught 的意思是「沒有被 catch 到」，這裡的 catch 指的就是「try ~ catch」的 catch。所以說，uncaught error 指的就是「沒有被 try ~ catch 處理的錯誤」。

無法重現問題怎麼辦？

　　應用程式發布、在正式環境執行後，可能會收到使用者回報的 bug。收到回報之後，首先要**確認是否可以重現這個 bug**。如果可以簡單重現，就繼續以普通的 debug 方式處理。但是，也會遇到無法重現的情況。

使用者的回報讓人好焦慮喔

先冷靜下來專心蒐集資訊吧！

　　無法重現 bug 的時候，首先要蒐集和 bug 有關的資訊，重點是把問題做出區隔。藉此可以找出重現 bug 的必要「條件」。需要蒐集的資訊如下所列。

- 使用者的執行環境（作業系統版本、網路狀態）

- 發生問題的時間點

- 該時間點的錯誤訊息紀錄（若有）

- 登入紀錄等使用者既有的資料或執行紀錄（若有）

　　和使用者執行相同的操作卻無法重現 bug 的時候，bug 的原因就很可能出在操作方法以外的地方。蒐集提出回報的使用者的執行環境等資訊，嘗試看看能不能以接近的狀態來重現吧。

以網路應用程式（web app）來說，可能會有只在特定瀏覽器出現的bug，或是沒有預期在行動裝置上操作而無法正常運作的狀況。

再來，需要處理時間資訊的應用程式（如行事曆或提醒通知），可能會因為操作的時間點而出現不正常的情況。像是時區不同、日期計算錯誤（如閏年或月尾的處理）都可能是原因。

還有，只有特定使用者會遇到問題的時候，可能和使用者既有的資料或設定有關聯。舉例來說，可能是特定的使用者設定或權限，或是該使用者的資料（特別大量的資料、帶有特殊字元的資料）所引起的問題。

向使用者蒐集實際顯示的錯誤訊息和紀錄檔，以這些資訊為依據，就能限縮問題的發生條件。若能在同樣的條件下進行驗證，就能提升重現bug 的可能性。可以重現 bug 的話就能進入一般的 debug 流程；無法重現的話，就繼續蒐集資訊並區隔問題，可以更容易找出能辨識問題的線索。

建議製作檢查表來逐一確認！

正式執行環境的錯誤資訊蒐集

本節要介紹的是在正式環境（production environment，又譯為生產環境）的錯誤訊息處理。錯誤訊息對 debug 的效率非常重要。雖然在開發時可以直接輸出錯誤訊息就好，但在正式環境中如果缺乏適當設定，可能就會無法輸出錯誤訊息，或是輸出的資訊不足以作為 debug 的線索。

另外，網路應用程式的錯誤訊息如果發生在瀏覽器上，就不會記錄在伺服器裡，無法蒐集。

想要為正式環境的故障排除做好準備的人，或是為了未來的需求而想學習如何處理正式環境的錯誤訊息的人，相信都能在本節取得有用的資訊。

錯誤資訊的蒐集方式

如之前所述，正式環境和開發環境不同，必須正確設定錯誤訊息等資訊如何輸出。關於錯誤的資訊會集中在一個檔案裡，稱為錯誤 log（常譯為錯誤紀錄、錯誤日誌）。若沒有正確管理錯誤 log，就會很難進行 debug。然而，錯誤 log 的管理需要關於基礎設備的專業知識，並不容易。

所以在此介紹一項便於蒐集錯誤 log 的服務，稱為**錯誤監控(error tracking)工具**。使用錯誤監控工具的話，就算對基礎設備沒有非常瞭解，也可以確實地蒐集錯誤 log。

■ 代表性的錯誤監控工具

● **Sentry**

● **Rollbar**

這些工具只要在前端或伺服器端的程式裡安裝專用的函式庫，再加上少量的設定就可以使用。錯誤發生時就會蒐集詳細的資訊，並且可以從專用的管理畫面確認。

下方例圖是用 Sentry 蒐集的錯誤詳細資訊（圖 5-10）。

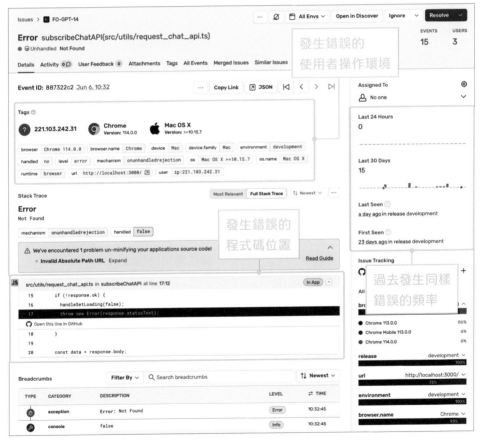

● 圖 5-10　錯誤監控工具（Sentry）

可以檢視發生錯誤的作業系統或瀏覽器的版本，還有使用者的環境等細節。另外，具體的錯誤訊息和發生錯誤的程式碼位置也會顯示。這些詳細的錯誤資訊累積起來，可以對應用程式的品質提升做出很大的貢獻。

Sentry 或 Rollbar 基本上都是付費服務，但在一定範圍內也可以免費使用。建議在開發商業應用程式的時候，可以考慮使用。

更進化的 Log 管理方法

系統的操作紀錄和發生的事件會記錄在稱為「log」的檔案裡。Log可以用於分析系統是如何被使用的，而且在 debug 時也是非常有幫助的資料。

Log 裡包含的不只有錯誤資訊，也有正常操作的紀錄。其中，關於錯誤的 log 就稱為「錯誤 log」（圖 5-11）。

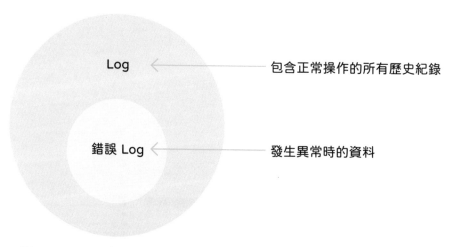

● 圖 5-11　Log 與錯誤 Log

Debug 時可能可以從錯誤 log 裡找到原因。不過，有時在錯誤發生之前的操作才是真正的錯誤原因。在這種情況，檢查包含一般操作的log，就可以驗證引發錯誤的過程與條件。

建議也可以趁這個機會，確認開發的系統是如何管理 log。

此外，軟體的進化也隨著時代而急遽發展。早期簡易的網路應用程式，只在單一的伺服器設置程式碼和資料庫就能運作。

但是，現在的應用程式變得非常複雜。伺服器會設置在雲端，各種應用程式都容器化，透過多個中介軟體來運作。還有，在 AWS 之類的雲端環境，普遍會由多個伺服器同步運作，提升系統冗餘（redundancy）。

這導致 log 不會集中在單一位置，而是會分散各地，使得分析變得很困難。在這種情況，可以使用集中管理 log 的服務，更輕鬆地管理全部的 log。

■ 代表性的 log 集中管理工具

● **Logflare**

● **Papertrail**

● **Logtail**

● **Datadog**

導入這些服務，就可以將各種 web 伺服器和應用程式的 log 都集中在一處。而且這些服務還提供進階搜尋功能，可以輕鬆找出特定時間點或包含特定關鍵字的 log。

某些工具也提供免費使用的方案喔

在 debug 的時候，如果除了發生問題的錯誤 log 之外，還可以檢查前後的 log，就能更有效率地追查出原因。Log 檔案只要遺失了，通常就無法再找回來，所以建議在使用應用程式之前一定要先確認 log 檔的完整性。

無論如何都無法解決問題時的權宜之計

有時也會發生找不出問題的原因、或是找到了但難以修改的狀況。在這樣的狀況，可以使用稱為 work around（變通的作法、權宜之計）的方式來處理。

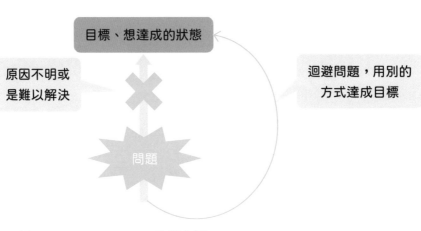

● 圖 5-A　Work Around 的概念圖

Work around 指的是不去解決根本的問題，用別的方式來達成目標的做法。從概念圖來看，就是避開原本的問題，另闢蹊徑。雖然這可能會忽視原本的問題，並不是正面解決的手段，但以現實考量來說還是比什麼都不做來得好，實務上偶爾也會看到這樣的作法。

Debug 就是一場和時間的賽跑。在心中保留這個選項，如果遇到難以克服的難關，也可以拓展出繼續前進的可能性。

第 6 章

寫出更容易 Debug 的 程式碼

在前面的章節，我們介紹了程式發生問題時檢查原因的方法，還有之後的處理方式。

不過，要是可以一開始就不發生問題，那才是最理想的。即使發生問題，也最好是可以簡單解決的問題。在這最後的第 6 章要介紹的技巧與建議，就是關於**寫出不容易發生問題、更容易 debug 的程式碼**。

Debug 就是調查問題原因並加以修正的工作。在這樣的工作中，必須考慮變數的影響範圍和追蹤程式執行狀態（變數值等等）的難易度。本章會從這些重點出發，說明寫程式時應注意的原則。

只要多花一點力氣，就能讓程式的原始碼更容易讀懂，也更容易 debug。本章所提及的內容就算對程式新手來說也相當簡單。請務必在平時寫程式的過程中嘗試看看。

避免重複賦值

現在要開始介紹如何寫出容易 debug 的程式碼。第一個技巧就是
「**避免重複賦值**」。重複賦值指的是，像下方的程式碼這樣，對已經定義的
變數再次賦值、更換變數裡儲存的值。

程式碼 6-1

```
let nickname = "Alice";
nickname = "Bob";          重複賦值
```

寫程式的時候，總是會遇到需要更新資料所以進行重複賦值的情況。
但是，**重複賦值有時會讓程式碼變得不容易看懂**，使用時必須小心。如果
沒有必要，理想上應該避免重複賦值。範例請見下方的程式碼。

程式碼 6-2 （使用了重複賦值、待改善的程式碼）

```
function sample() {
  let data = getData();      ❶ 宣告 data
  // 程式碼
  data = sort(data);         ❷ 對 data 重複賦值
  // 程式碼
  data = filter(data);       ❸ 對 data 重複賦值
  // 程式碼
}
```

程式碼 6-2 反覆使用第 2 行定義的 data 變數，替換了 data 的值。像這種多次重複賦值的程式碼，在閱讀時必須持續注意 data 內容的變化，會更難理解程式的執行流程。假如這個函式中某處的程式碼使用了 data 變數，就需要仔細分辨 data 的內容是 ❶、❷、❸ 之中哪一個狀態，才能看懂程式碼的功能。

那麼，該怎麼改寫才能讓程式碼避免重複賦值呢？答案很簡單，只要**在每次需要修改資料的時候都準備新的變數**就好。

改善的程式碼 6-2

```
function sample() {
  const data = getData();          ❶ 宣告 data
  // 程式碼
  const sortedData = sort(data);   ❷ 宣告 sortedData
  // 程式碼
  const filteredData = filter(sortedData);
  // 程式碼
}                                  ❸ 宣告 filteredData
```

經過函式 sort() 排序的資料就命名為 sortedData，經過函式 filter() 做篩選處理的資料則是命名為 filteredData。

改善前的程式碼反覆使用 data 變數，乍看之下文字量比較少，似乎比較單純。不過，程式碼之中的實體和名稱應有明確的連結，解讀起來才會更容易。在改善後的程式碼只要看到 sortedData 這個變數，就能知道裡面的資料是在 ❷ 的狀態。

使用防止重複賦值的功能

在 JavaScript 定義變數時，可以使用 const 關鍵字取代 let。const 具有**禁止重複賦值的功能**，前面改善的程式碼也使用了 const。如果程式語言裡有相同的防止重複賦值的功能，建議可以多多利用。

不使用重複賦值有助於 Debug

不使用重複賦值，對於除錯器的操作也會有幫助。使用 4-2 節介紹的中斷點時，有無重複賦值會造成的差異，可以在以下的兩個程式碼範例中比較（程式碼裡的 random() 和 double() 函式都已定義）。

包含重複賦值的程式碼

```
let a = random();
a = double(a);
debugger;
```

不含重複賦值的程式碼

```
const a = random();
const b = double(a);
debugger;
```

首先，試試看在包含重複賦值的程式碼設置中斷點（圖 6-1）。

● 圖 6-1 用除錯器中止包含重複賦值的程式碼

　　包含重複賦值的時候，只能檢查 a 在中斷點停下瞬間的狀態，無法得知 a 在第 10 行 `let a = random()` 的值。這樣就不能直接看出執行流程的變化，調查問題原因會比較麻煩。

　　另一方面，不含重複賦值（圖 6-2）的話會如何呢？

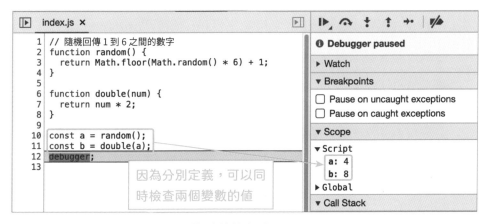

● 圖 6-2 用除錯器中止不含重複賦值的程式碼

這樣 a 和 b 的值都看得到了！

不進行重複賦值的時候，就可以像圖 6-2 那樣同時瞭解 a 和 b 兩邊的狀態。掌握各個變數的狀態，就能更容易看出 bug 的原因在什麼地方。

看見程式碼的潛在問題

通常 debug 是在錯誤發生之後進行的工作。不過相對的，也有在事前就能看見程式碼的潛在問題，防止錯誤發生的「靜態解析工具」。這種工具不需要執行程式，就能對程式碼進行解析，如果發現問題就會顯示警告。又稱為 Linter。

靜態解析可以辨識出未使用的變數、未定義的函式、違反的程式碼規範、可能出現 bug 的寫法等等。

舉例來說，JavaScript 常用的 ESLint 就有「prefer-const」這項規範。這項規範會在 let 定義的變數沒有被重複賦值的時候，提出「應使用 const 使其無法重複賦值」的警告。

```
let foo = 100;        不會重複賦值就不應用 let

const foo = 100;      推薦用 const 禁止重複賦值
```

就像這樣，除了程式設計師自己保持寫出好程式的習慣之外，還可以運用工具對潛在的問題提出警告，讓程式碼的品質更加提升。

盡可能限縮變數範圍

　　「**變數範圍**（scope）」指的是變數或函式的有效範圍。如果變數範圍太大，debug 時必須查看的程式碼範圍也會擴大，變得更困難。應該謹記，變數範圍要盡可能縮小。下方的程式碼的變數範圍就是大而無當，有待改善（程式碼 6-3）。

程式碼 6-3

```
function fn() {
  const data = getData();
  if (條件式) {
    // 使用到 data 的程式碼
  } else {
    // 不需使用 data 的程式碼
  }
}
```

　　data 的變數範圍涵蓋整個 fn() 函式。但是，實際上會用到 data 變數的就只有 if(條件式) 內部而已。也就是說，這個 data 就是變數範圍不必要過大的狀態。應該像下方這樣改寫，縮小變數範圍。

```
function fn() {
  if (條件式) {
    const data = getData();          把 data 的定義移到 if 內部
    // 使用到 data 的程式碼
  } else {
    // 不需使用 data 的程式碼
  }
}
```

　　修改後的程式碼就只有移動變數的定義位置。雖然改動很單純，但這樣的修改就可以有效提升 debug 的效率。

變數範圍過大的缺點

　　變數範圍很大的時候，會產生以下缺點。

■ Debug 時需要讀的程式碼增加

　　變數範圍的大小超過必要時，本來不需要讀的程式碼就會變得不能不讀，無謂消耗精力。

　　以前面的程式碼 6-3 為例，如果需要確認存有 getData() 回傳值的 data 變數會使用在什麼地方，就必須檢查整個 fn() 函式；如果把變數範圍縮小到 if 內部，就只需要讀這個範圍就好。

變數範圍較大的情況   變數範圍較小的情況

```
function sample() {
  const data = getData();
  if (條件式) {
    // 程式碼
  } else {
    // 程式碼
  }
}
```
需要讀的
範圍較大

```
function sample() {

  if (條件式) {
    const data = getData();
    // 程式碼
  } else {
    // 程式碼
  }
}
```
需要讀的
範圍較小

● 圖 6-3 變數範圍越小，需要讀的範圍也越小

■ 降低效能

改善前的程式碼一定會執行 getData()，但這個函式應該只在條件式成立的時候執行就可以了。執行了不必執行的部分，就是無謂浪費電腦的資源，連帶降低程式的效能。

■ 難以修改

想像一下，現在需要修改 data = getData() 這一行程式碼。在變數範圍較小的時候，只要考慮條件式成立的狀況就好；但在變數範圍較大的時候，就不得不顧慮整個 fn() 函式。修改程式碼的時候，必須檢查整個影響範圍，確保行為正確。變數範圍擴大就會讓必須檢查的範圍也擴大，增加檢查所花費的時間。

綜上所述，讓變數範圍不必要地過大是百害而無一利。縮小變數範圍是一項實行起來很簡單的技巧，寫程式時務必留意。

決定變數範圍的時候，想想修改程式碼時會發生什麼事吧

認識單一責任原則

大家聽過「**單一責任原則**」這個詞嗎?「**單一責任原則**」指的是「**class 或函式等程式碼只應承擔一項責任**」這樣的原則……說是這樣說,但實在是很抽象,不太好理解吧。簡單來說,就是「不要同時擔任不同的角色」。

遵守「單一責任原則」的程式碼會有明確的分工、複雜性較低、更容易修改,也更少發生 bug。

實際範例 個人檔案製作服務(虛構)

為了讓概念更清楚,這裡以虛構的「個人檔案製作服務」為範例來說明。以下將使用此服務的人稱為「使用者」,經營這項服務的人稱為「管理者」。

- 使用者(使用服務的人)
  - 製作個人檔案
  - 可以修改名稱、年齡等檔案中的資料
- 管理者(經營服務的人)
  - 可以修改個人檔案的格式

設想個人檔案的更新流程

那麼,先來設計這個服務中「修改個人檔案」的流程吧。我們用 updateProfile() 這個函式來負責這項工作(圖 6-4)。

● 圖 6-4　修改個人檔案的 updateProfile() 函式

　　看起來是個沒什麼特別的單純函式，但仔細觀察內部，會發現這個函式具有 2 項功能（圖 6-5）。

● **修改個人檔案格式的功能（由管理者操作）**

● **修改個人檔案資料的功能（由使用者操作）**

● 圖 6-5　updateProfile() 函式具備的 2 項功能

　　所以，這個函式負責 2 項對象不同的職責，是違反「單一責任原則」的狀態。那麼，在這個函式會發生什麼樣的問題呢？

　**一段程式碼負責兩件職責，
這不是一石二鳥嗎？**

　　以具體的情境來說明吧。某一天，這項服務的開發者收到了來自管理者的要求。

　　「更新格式的時候可以留下更新紀錄嗎？」

　　於是，updateProfile() 函式做了修改，發布新功能之後，管理者非常滿意。然而，更大的問題從這裡才開始。隔天，開發者收到了使用者的回報。

　　「沒有辦法更新資料！」

　　這就是因為 updateProfile() 函式負擔了對「管理者」和「使用者」的複數責任。因應管理者的要求做出修改之後，無意間也造成不相關的使用者功能出現 bug。包含複數功能的程式碼，就算只想稍做修改，也總是必須顧慮很大的範圍，想要修改、新增功能都會很困難。

■ 該如何改善？

　　那麼，如果不想讓這種問題發生的話，該怎麼寫程式才好呢？答案很簡單，**只對單一對象負責**就好了。以這個範例來說，應該像圖 6-6 那樣準備 updateTemplate() 和 updateProfileData() 兩個函式，分別對「管理者」和「使用者」負責。

圖 6-6　不同的功能應區分為不同的函式

　　「責任（職責）」這個詞有點抽象，意思也有點模糊，可能會被認為是個不容易掌握的原則。先從寫程式的時候自問自答：「這一段負責的對象是誰？」這樣的習慣開始吧。

函式的功能越多…
也不見得就越厲害呢

函式的功能就只能有 1 個！別太貪心了！

使用純粹函式

在程式裡「寫函式的方式」會很大幅度影響易讀性。這一節要介紹的，是設計函式的一個技巧。

滿足某些條件的函式就稱為「**純粹函式**」。純粹函式有許多優點，尤其是「容易看懂」、「容易 debug」這兩項優秀的特性。學會純粹函式的構造，運用在自己的程式裡吧。

純粹函式是什麼？

純粹函式指的是符合以下 2 項條件的函式。

● **使用同樣的引數，就會有同樣的回傳值**

● **沒有副作用**

接著就來詳細瞭解這 2 項條件。特別是「副作用」，很多人可能不太熟悉。雖然看起來有點困難，但概念其實很簡單。

 副作用是什麼意思？

■ 使用同樣的引數，就會有同樣的回傳值

例如下面的函式，不管用同樣的引數呼叫多少次，回傳的值都不會改變（程式碼 6-4）。這就符合前面提到的第 1 項條件。

```
function double(a) {
  return a * 2;
}
```

第 1 次呼叫：回傳值是 6

```
double(3);
double(3);
```

第 2 次呼叫：回傳值是 6（不管呼叫多少次，只要引數一樣，回傳值就不會變）

再來看到下一個函式（程式碼 6-5）。這段程式碼用同樣的引數呼叫函式，但回傳值會依狀況而不同。

```
let x = 100;

function add(a) {
  return x + a
}
```

```
add(3);
```

第 1 次呼叫：回傳值是 103

```
x = 200;
```

```
add(3);
```

第 2 次呼叫：回傳值是 203（使用同樣的引數呼叫，回傳值不一定相同）

程式碼 6-5 沒有符合第 1 項條件「使用同樣的引數，就會有同樣的回傳值」，因此不是純粹函式。

■ 副作用

　　副作用這個詞，在生活中應該常常會聽到。不過程式設計裡所說的函式「副作用」到底是什麼呢？簡單說明的話，**副作用就是指「對函式外部狀態造成的改變」**。來看看實際的程式碼（程式碼 6-6）。

程式碼 6-6

```
let numbers = [1, 2, 3];

function fn(x) {
  x.push(4);
  return x;
}

console.log(numbers); // [1, 2, 3]
fn(numbers);
console.log(numbers); // [1, 2, 3, 4]
```

執行 fn( ) 函式會讓變數
numbers 被修改

　　fn( ) 函式會對引數傳入的值進行新增元素的操作，同時也就改變了外部的變數 numbers 的狀態。這樣的函式就是帶有「副作用」的函式。

　　前面舉例的 double( ) 函式，不會修改函式外部的狀態，就是沒有副作用的函式。另外 double( ) 函式也符合第 1 項條件，所以是「純粹函式」。

純粹函式與其他函式的比較

回過頭再一次比較純粹函式和其他函式的差別吧。

為了簡化說明，以下的範例都是不考慮實用性的程式碼。或許有人會覺得「不可能寫出這種沒有意義的程式碼吧」，但請當作用於瞭解純粹函式特性的範例來參考就好。（不過，程式變得很複雜時，也可能真的會出現類似的結構。）

純粹函式的範例

```
function addPure(a, b) {
    return a + b;
}
```

非純粹函式的範例

```
let total = 0;

function addNotPure(a, b) {
    total = a + b;
    return total;
}
```

純粹函式和其他函式比起來，有「容易看懂」、「容易 debug」等特性。首先，純粹函式與函式外部沒有關聯，只看函式內部就能明白有什麼樣的功能，是壓倒性地容易讀懂。另一方面，想理解非純粹函式的功能，就需要同時注意函式外部才行（圖 6-7）。

```
...
...

function notPure() {
    // 程式碼
}

...
...
```

只是想知道函式的功能，卻不得
不去讀各個不同地方的程式碼！

● 圖 6-7　非純粹函式不容易讀懂的原因

再來，「副作用」會讓 debug 的難度大為提升。有副作用的函式需要
維護或修改的時候，必須確保行為結果相同，而這個「結果」不只有函式
的輸入、輸出，還要包含對函式外部的影響（圖 6-8）。

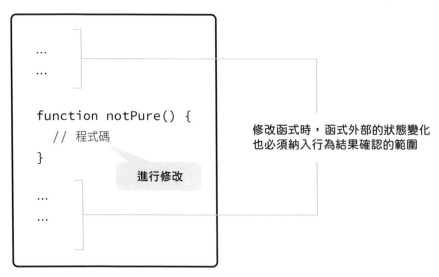

```
...
...

function notPure() {
    // 程式碼
}
```
進行修改
```
...
...
```

修改函式時，函式外部的狀態變化
也必須納入行為結果確認的範圍

● 圖 6-8　修改有副作用的函式

關於使用純粹函式

從前面的說明可以瞭解純粹函式是具有「容易看懂」、「容易 debug」等優秀特性的函式。讀到這裡，可能已經迫不及待想把自己的程式碼改寫成純粹函式了吧，但在這之前還要一些事情必須先瞭解。

純粹函式確實具備優秀的特性，但是**把所有函式都設計為純粹函式在現實上是做不到的，也不該硬是把函式都改成純粹函式**^{（※註 1）}。在程式中，對函式外部狀態的修改是必要的。而且，物件導向語言的性質本來就不容易設計純粹函式。

重點在設計影響範圍較小的函式

因此，在理解純粹函式的構造之後，應該謹記的是「有助於讓程式碼更容易理解的時候就使用純粹函式」。反過來說，「不必要的」副作用和對函式外部的參考，會讓函式變得更難看懂。如果對這些負面的特徵保持警覺，就能寫出更容易 debug 的程式碼。

※註 1　Haskell 等稱為「純函數式（purely functional）語言」的程式語言則有可能。

寫程式時注意型別

　　程式出 bug 的其中一個原因就是「**值的型別和預期不同**」。請見以下範例（程式碼 6-7）。

```
程式碼 6-7                          .toUpperCase( ) 只對字串有效

function hello(name) {
    const upperName = name.toUpperCase();
    console.log(`${upperName} 您好`);
}

hello('Alice');  ←——  顯示「ALICE 您好」字串
hello(10); // Error
```

　　函式 hello() 會取一個引數，而且暗自預設這個引數應該要是字串（string）型別。這是因為在第 2 行將字串轉換為大寫的 .toUpperCase() 如果用在字串以外的值就會出現錯誤。麻煩的是，這段程式碼並沒有語法上的問題。因此人眼很容易漏掉這種問題，常常會成為正式執行環境中發生錯誤的原因（圖 6-9）。

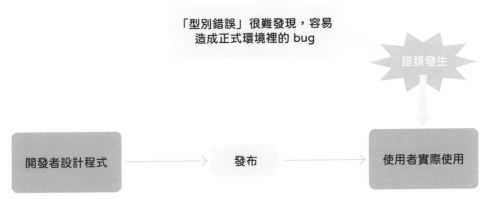

「型別錯誤」很難發現，容易造成正式環境裡的 bug

錯誤發生

開發者設計程式 → 發布 → 使用者實際使用

- 圖 6-9　型別的錯誤難以發現

　　針對型別錯誤，有什麼可以採取的對策嗎？

在註解標示型別

　　在理解函式的功能時，「引數的型別」和「回傳值的型別」是很重要的資訊。光是知道這些型別的資訊，就會讓程式碼更容易看懂，使用函式的時候，也會更容易判斷可以傳入哪些型別的引數。表示型別資訊的其中一種方式就是「把型別寫在註解」（程式碼 6-8）。

程式碼 6-8

```
/**
 * 回傳字串引數的長度
 * @param {string} name - 輸入的名稱
 * @returns {number} - 名稱的長度
 */
function nameLength(name) {
  const length = name.length;
  return length;
}
```

像上面這麼短的程式碼，可能會顯得註解多得太誇張了。不過，在函式很複雜的時候，如果能只看註解就知道函式的功能，那可是非常有幫助的。

需要把程式碼交給其他人的時候，
註解更是會幫上忙喔

以程式語言的功能加上型別資訊

程式語言的功能也可以用來處理型別的資訊。JavaScript 很可惜的並沒有將型別寫入程式碼的方法，不過由 JavaScript 擴充而成的 TypeScript 就可以如下標示出型別（程式碼 6-9）。

程式碼 6-9

```
function nameLength(name: string): number {
  const length: number = name.length;
  return length;
}
```

第 1 行的 nameLength(name: string): number 之中，就明確標示出引數的型別是 string（字串）、回傳值的型別是 number（數值）。

TypeScript 的程式碼，在程式發布前一定會經過「靜態檢查」。靜態檢查可以檢查程式碼而不需執行程式。如果程式碼中有型別的錯誤，也會在這個檢查中發現，進而避免在正式環境出現 bug（圖 6-10）。

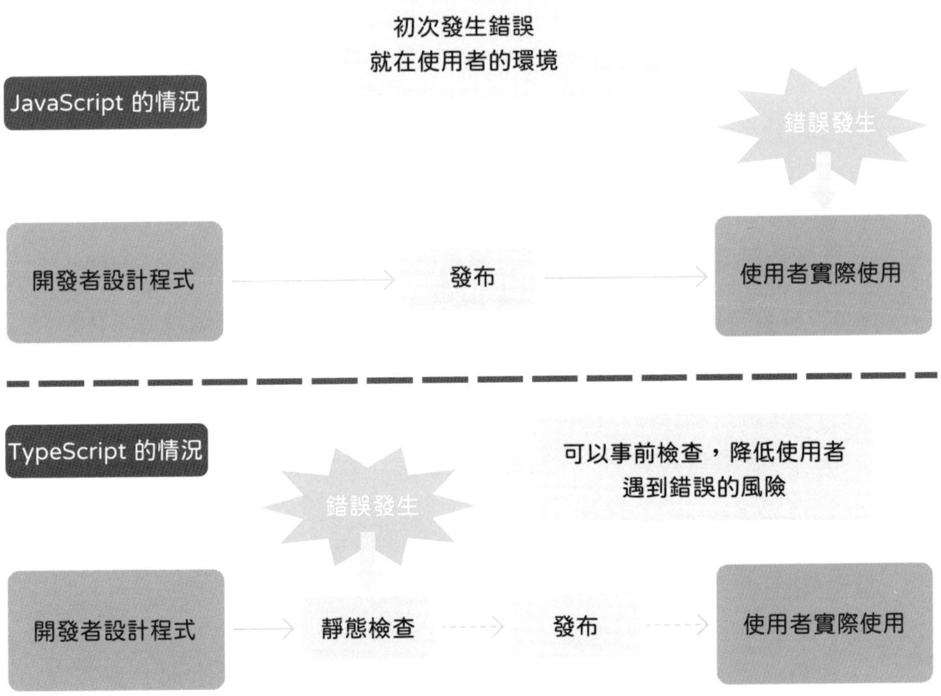

初次發生錯誤
就在使用者的環境

JavaScript 的情況

錯誤發生

開發者設計程式　　　　→　　　發布　　　　→　　使用者實際使用

TypeScript 的情況

可以事前檢查，降低使用者
遇到錯誤的風險

錯誤發生

開發者設計程式　　→　　靜態檢查　　⇢　　發布　　⇢　　使用者實際使用

● 圖 6-10　發現錯誤的時機不同

　　目前版本的 PHP、Python、Ruby 都支援型別資訊的標記。不使用
模糊的型別，保持明確的標示，就能寫出不容易發生 bug 的程式碼。

「動態型別語言」與「靜態型別語言」

　　程式語言之中分為「動態型別語言」（JavaScript、PHP、Python 等等）與「靜態型別語言」（Go、Java、TypeScript 等等）。這節提到的「預料之外的型別錯誤」，就是動態型別語言會遇到的典型錯誤。

　　這 2 種語言的差別，簡單來說就是，在寫程式碼的階段就決定「型別」的是靜態型別語言，在程式執行階段才決定的是動態型別語言。

　　還有，靜態型別語言會在程式執行之前就檢查「型別」是否正確，所以在寫程式碼的階段就會發現型別的錯誤（這個型別檢查是由編譯器，也就是「把程式碼翻譯成機器可理解的語言的工具」執行的）。

　　以下是本節開頭提及的函式，分別為 JavaScript 的版本以及用 TypeScript 改寫的版本。

動態型別語言 JavaScript 的程式碼

```
function hello(name) {            沒有指定引數的型別
  const upperName = name.toUpperCase();
  console.log(`${upperName} 您好`);
}

hello(10); // Error            執行時發生錯誤
```

→ 接下頁

```
function hello(name: string) {
  const upperName = name.toUpperCase();
  console.log(`${upperName} 您好`);
}

hello(10);
```

引數的型別指定
為字串（string）

執行前的型別檢查會發現錯誤

在 JavaScript，函式 hello() 的引數預設應為字串（string 型別），但是在寫程式碼的階段無法指定。因此可以寫出像 hello(10) 這樣的程式碼，把不是字串的數值當作引數。可以這樣寫程式碼的話，程式就可能會在「執行階段」才因為預期之外的的型別而發生錯誤。

另一方面，在 TypeScript 宣告函式 hello(name: string) 時就已經指定引數的型別。藉此可以在執行之前就發現 hello(10) 這種錯誤。

有助於 Debug 的測試程式碼

「測試程式碼」是為了確保軟體品質，用來測試程式碼行為的程式碼。使用測試程式，就可以自動檢驗寫出的程式碼行為是否一如預期。

有些人可能會有點懷疑測式程式對 debug 是否能有幫助。實際上，善用測試程式的話，可以大大提升 debug 效率。

測試程式碼是什麼？

首先從實際範例來瞭解測試程式碼的概念吧。下方是計算加法的程式（程式碼 6-10）。

程式碼 6-10

```
function add(a, b) {
  return a + b;
}
```

想要檢驗這個程式的行為，就可以寫出像這樣的測試程式碼：

程式碼 6-10 的測試程式碼

```
function testAdd() {
  const result = add(2, 3);
  if (result !== 5) {
    throw new Error(`add(a, b) 應回傳 a、b 的和,
但回傳值為 ${result}`);
```

結果和預期不同的時候，就會出現錯誤訊息

→ 接下頁

```
    }
  }
```

這個測試程式會把 2 和 3 傳入 add() 函式，如果回傳值不是預期的正確結果 5，就會送出錯誤訊息。

和預期結果不同的話就對 add() 函式 debug，然後再次執行測試程式來檢查⋯⋯就像這樣重複循環。測試程式是由機器執行，和人類手動執行驗證比起來快上許多。而且重複進行同樣的驗證時，也不會像人類出現操作的失誤。

本來還以為測試程式碼會是更特別的程式碼

和我們平常寫的程式碼基本上是一樣的喔

實際寫測試程式碼的時候，通常會使用測試函式庫或測試框架。例如 JavaScript 經常使用 Jest 這個框架。前面的測試程式碼改用 Jest 來寫的話會變成這樣：

程式碼 6-10 的測試程式碼（Jest）

```
test('add(2, 3) 應為 5', () => {
  expect(add(2, 3)).toBe(5);
});
```

使用框架就能輕鬆測試 add(2，3) 的結果是否為 5。因為測試程式碼可能會由自己以外的人檢查，所以除了寫起來方便以外，讀起來易懂也很重要。使用框架就可以寫出簡潔易懂的測試程式碼，務必多加利用。

其實，光是測試程式的寫法就是可以寫成一本書的深奧領域。本書說明的僅止於理解觀念的範圍，如果想更深入學習軟體測試，非常推薦另外找專門書籍來研究。

測試程式與 Debug 的關係

有助於 debug 的測試程式，具備以下 2 項特點。

- **可將 debug 的行為檢查自動化**
- **可檢查修正錯誤後是否對其他程式碼造成影響**

在 debug 的過程中會需要多次檢查程式的行為，但手動檢查既耗時又費力。如果能用測試程式把行為檢查自動化，就可以更專注於尋找 bug 的原因。

還有，完成 bug 的修正之後，也可能會因為該修正而導致程式碼的其他部分出現新的 bug。檢查是否會造成這種影響時，就是測試程式登場的時機。如果整個系統都有設置測試程式碼，就可以從其他測試來驗證結果都正確。比起手動一個一個檢查，可以更快速又確實地做確認。

一旦出現 Bug 就先寫測試程式碼

前面已經說明過，如果可以用測試程式把行為檢查自動化，debug 就可以更有效率。所以說，在 bug 出現時，第一件要做的事就是寫出可以重現 bug 的測試程式碼。

這種作法的優點在於，先用測試程式將 bug 的重現自動化之後，就可以讓後續工作更有效率。再來，修正 bug 之後，也可以用自動化的測試來確保 bug 不會再出現，會更有安全感。

收到 bug 的報告時，在心情上可能會想要立刻開始修改程式碼，但還是要記得先冷靜下來，建立可以重現 bug 的測試程式碼。這樣才可以更快速且確實地找出問題，推進解決問題的進度。

出現 bug 的時候，理想的應對步驟依序如下：

1. 確認出現的是什麼樣的 bug
2. 寫出可以重現 bug 的測試程式
3. 修改程式碼，讓測試程式可以通過
4. 執行其他測試，確認修改沒有造成影響

Debug 與修改程式碼的工作，在本質上就是需要無數次重複同樣的程序。親手重複檢查非常費時，尤其是處理 bug 的時候，還可能因為著急而出錯。運用測試程式，就能更有效率進行 debug。

重現使用者實際操作的 E2E 測試工具

前面介紹的測試程式稱為單元測試（unit testing），是對函式或 class 等程式的一部分進行測試的做法。相對的，以實際使用者的操作來進行測試的做法，就稱為 E2E（end to end，端對端）測試。

E2E 測試可以檢查應用程式本身的行為，進而確認整體的行為沒有問題。因為不會被程式語言影響，所以同樣的測試工具可以用於各種不同應用程式的行為檢測自動化。

這裡介紹常用的幾項代表性工具。適當使用這些工具，就可以實現 debug 的加速、減輕工作負擔。

● Playwright / Selenium

　　● 可將瀏覽器的操作自動化。只要安裝 Visual Studio Code 和瀏覽器的擴充功能，就可以記錄並重現在瀏覽器上的實際操作。

● XCUITest（iOS）/ Espresso（Android）

　　● 可將行動裝置應用程式的操作自動化。

結語

錯誤訊息並不是什麼恐怖的東西嘛

你之前還覺得錯誤訊息是靈異現象咧…
真的是長大了！

Debug 也變得有趣多了！

保持這個心情，
繼續享受程式設計的樂趣吧！

非常感謝您讀完這本書。

　　錯誤訊息的解讀方式或高效率的 debug 方法，似乎通常是藉由老手對新手的口頭教學來傳承。雖然 debug 是程式設計之中非常基本的技能，但在想要學習的時候，可作為指引的資訊卻是出乎意料地難找。因此，本書的目標就是在一本書裡彙整 debug 的核心概念。

　　尤其是尚未具備基礎知識的人，很可能會無法妥善處理錯誤訊息，只覺得「怎麼又卡住了」。希望在看過本書之後，能讓讀者有「錯誤訊息是程式設計中最重要的隊友」這樣的感受。

遇到 bug 的時如果不再有「好討厭啊」的感覺，而是抱持「喔，這次又會有什麼樣的發現？」「該怎麼 debug 才好？」「哪裡還有改善的空間？」這種充滿期待的心情，程式設計應該也可以變得更有樂趣。

希望這本書能成為各位讀者成長的助力。

桜庭洋之、望月幸太郎

作者資料

■ 桜庭洋之

國中時在網路上認識程式設計後就立刻迷上了，在家中自製伺服器與路由器，管理高流量服務。目前任職於 Basic 股份有限公司（株式会社ベーシック），開發網路到智慧型手機等各種應用程式。喜歡寫完全沒有用處的「無用但很好玩的程式」。著有『スラスラわかる JavaScript 新版』（暫譯：輕輕鬆鬆學會 JavaScript 新版）（合著）。

【Twitter (X)】@zaru

■ 望月幸太郎

開發網路應用程式的程式設計師。大學主修數學時，學到了演算法的複雜度計算等領域。因為想把困難的內容以盡可能簡單易懂的方式說明而開始寫作。著有『スラスラわかる JavaScript 新版』（暫譯：輕輕鬆鬆學會 JavaScript 新版）（合著）。在這不斷進化的程式設計世界中，為了追求更好的開發體驗而持續進行研究。

【YouTube】https://www.youtube.com/c/moozaru
【Twitter (X)】@moozaru_ch